JN213152

Cool Stuff Exploded
Original English Edition Published
by Dorling Kindersley Limited

Author: Chris Woodford
Consultant: Jon Woodcock
Illustrators: Nikid Design Ltd

Copyright © 2009, 2019 Japanese Edition
Nikkei National Geographic Inc.
All rights reserved. Reproduction of
the whole or any part of the
contents without written permission
from the publisher is prohibited.

Original Title: Cool Stuff Exploded
Copyright © 2008 Dorling Kindersley Limited

Japanese translation rights arranged with
Dorling Kindersley Limited, London
through Fortuna Co., Ltd. Tokyo.

For sale in Japanese territory only.

Printed and bound in China

A WORLD OF IDEAS: SEE ALL THERE IS TO KNOW
www.dk.com

ビジュアル 分解大図鑑

コンパクト版

COOL STUFF EXPLODED

クリス・ウッドフォード著
武田正紀訳

目次

はじめに……8-9
3次元モデル……10-11

陸と空の乗り物

すごい乗り物 …… 14-15
ラリーカー …… 16-19
自動車マニア …… 20-21
未来のスマートカー …… 22-23
ペンドリーノ …… 24-29
鉄道を敷く …… 30-31
パワーショベル …… 32-35
地球を掘る …… 36-37
人間と地球の関係 …… 38-39
シーホーク …… 40-43
ヘリが来た！ …… 44-45

生活を支える家電製品

電気の秘密 …… 84-85
風力発電機 …… 86-89
環境にやさしい風力 …… 90-91
宇宙発電所 …… 92-23
食器洗い機 …… 94-97
いつもピカピカ …… 98-99
全自動洗濯機 …… 100-103
世界をきれいに …… 104-105
超音波洗濯機 …… 106-107

エアバスA380 46–49
大空を飛ぶ 50–51

未来の宇宙船 52–53

宇宙服 54–57
宇宙技術が大活躍 58–59

アリアン5 60–65
宇宙の目 66–67

マウンテンバイク 68–71
自転車パワー 72–73

燃料電池オートバイ 74–77
大気の汚染 78–79

未来のホバーバイク 80–81

電子レンジ 108–111
エネルギーの波 112–113

エスプレッソマシン 114–117
やすらぎの一杯 118–119

家電製品に囲まれた生活 120–121

コードレスドリル 122–125
穴を掘る機械 126–127

人生を楽しくする機械たち

余暇を楽しむ……130–131

手回し発電ラジオ……132–135
暮らしと電気……136–137

スピーカーの芸術品……138–141
広がる音の世界……142–143

高級腕時計……144–149
時間を刻む……150–151

ゲームマシン……152–155
ゲームに夢中……156–157

未来の立体テレビ……158–159

遊びの時間……160–161

グランドピアノ……162–165
ピアノ演奏……166–167

エレクトリックギター……168–171
世界中で人気の楽器……172–173

レゴロボット……174–177
ロボット文化……178–179

未来のロボット……180–181

ロンドンアイ……182–185
遊園地……186–187

デジタル技術

電子の工場……190–191

携帯電話……192–195
電話革命……196–197

未来のフレキシフォン……198–199

デジタルペン……200–203
データ保存法……204–205

ビデオカメラ……206–209
映像の魅力……210–211

カメラ……212–217
写真を撮る……218–219

デジタルの世界……220–221

ノートパソコン……222–225
コンピューター……226–227

未来のスマートメガネ……228–229

コンピューターマウス……230–233
仮想世界……234–235

インクジェットプリンター……236–239
印刷技術の歴史……240–241

未来の立体プリンター……242–243

謝辞・クレジット……255

索引……250–254

用語解説……244–249

本書は英Dorling Kindersley社の書籍「Cool Stuff Exploded」を翻訳し、2009年12月28日に初版を発行した『ビジュアル分解大図鑑』を改装したものです。内容については、初版発行当時の原著者の見解に基づいています。

はじめに

私たちのまわりを見回してみると、実にたくさんの機械が働いている。この本では、機械の内側に広がる世界をのぞき込み、そこに秘められた多くの謎を解き明かすことにしよう。

あれほど大きなジェット旅客機が空を飛べるのはなぜか。ノートパソコンがこんなに薄くてもちゃんと動くのはなぜか。そんな疑問が頭に浮かんだことはないだろうか。時計はどうやって動くのか、コンサートピアノが自動車より高価なのはなぜか、不思議に思ったことはないだろうか。これらの疑問に対する答えがこの本の中に用意されている。

ヘリコプターから航空機、洗濯機、ロケット、パソコン、デジタルカメラに至るまで、本書に登場する機械は詳細な分解図によって、その仕組みが明らかにされる。水素ガスで走るバイク、深海のダイバー並みの圧力にさらされるエスプレッソマシン、自由の女神の2倍の高さの掘削機械が実際に活躍していることには驚かされる。空飛ぶバイク、立体テレビ、宇宙発電所といった、未来の機械や技術にはもう、肝をつぶすしかない。

さあ、しっかり目を見開いて、機械の宇宙をめぐる旅に出発しよう。

モデリング

まずアーティストは、写真家がスタジオでするように照明の方向を決める。次に実物の写真やスケッチを使ってモデルの外観を作り上げる。必要に応じて新たな部品を付け加えて形を整える。たとえば、このホバーバイクのエンジンは、初めに単純な円筒を描き、それをより複雑な形に変形させたものだ。

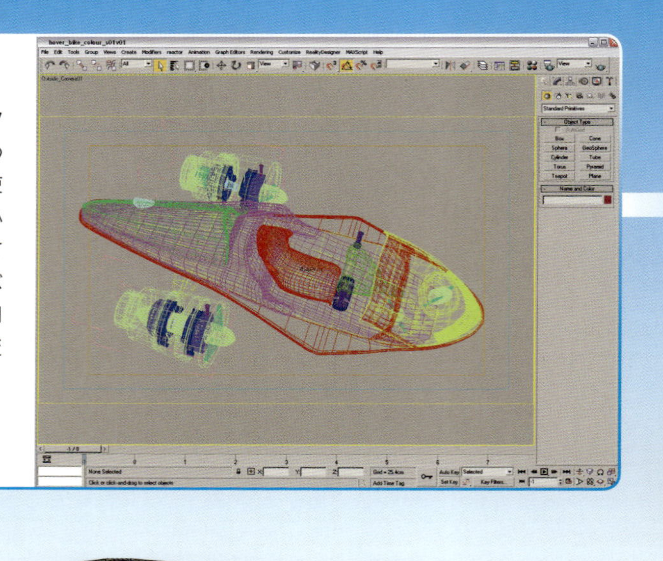

3次元モデル

3-DMODELLING

この本に載っている約40種類の機械は写真のように見えるが、実は最先端技術を駆使して精密に描かれた3次元モデルのコンピューター・グラフィックスだ。どれもアーティストがじっくりとコンピューター画面上で作り上げた彫刻のようなものだ。平面の絵とは違って、この3次元モデルはあらゆる方向に回転させたり、細部を拡大したり、数百もの部品に分解することも自由にできる。

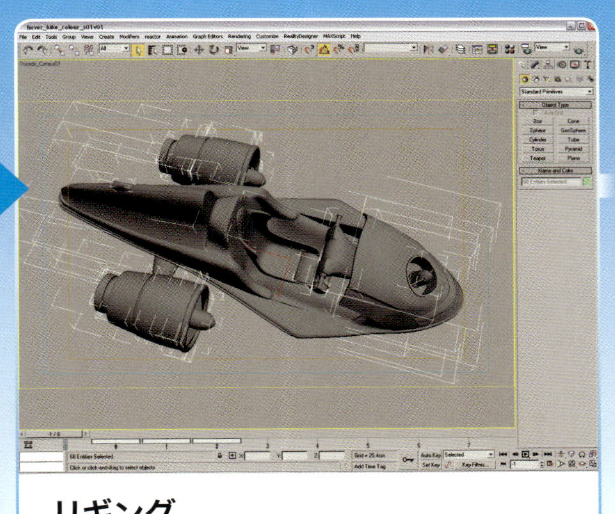

リギング

次にアーティストは3次元モデルにリギング（艤装）を施す。ここでは物体の内部構造とさまざまな部品の接続関係を決める。作業の結果はいわば「粘土細工」のようなものだ。つまり、これは光沢のない無地の物体で、未塗装のプラモデルと同じように見える。

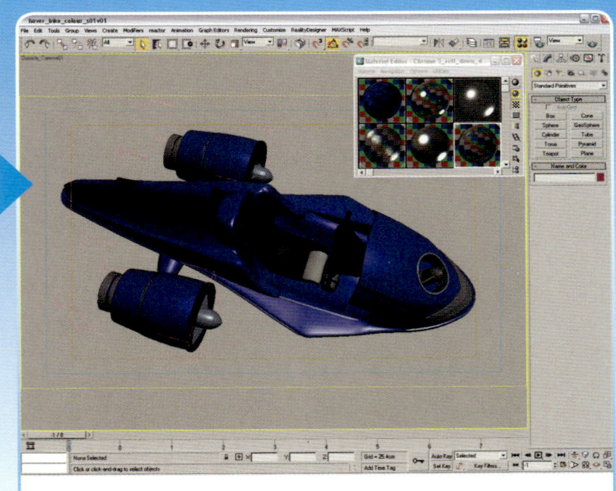

テクスチャリング

最終段階では物体の各部分ごとにテクスチャ（表面仕上げ）と彩色を施す。ここに示している未来のホバーバイク（80～81ページ参照）は、胴体部分は光沢のある青い金属、ハンドルはつや消しの黒いプラスチックの質感に仕上げている。

陸と空の乗り物

地上の移動なら、鉄道がいちばん速い。フランスの超高速列車TGV（Train à Grande Vitesse）は、在来型鉄道では世界最速のスピードを誇る。特別編成のTGVは2007年4月3日に時速574.8kmを記録した。F1（フォーミュラ1）のレースカーより時速にして160kmも速い。

すごい乗り物

パワーショベルは力持ちだ。象ほどの重さの岩でも持ち上げる力がある。ラリーカーは特別に補強されていて、たとえ滑ってひっくり返っても、ドライバーとナビゲーターは無傷で助かる確率が高い。アリアン5ロケットは、液体水素と酸素の燃焼エネルギーで高温の炎を噴き出し、宇宙に向かって飛んでいく。

いったい機械はどうやってこうした目覚ましい性能を発揮できるのだろうか。それを理解するには、内側をのぞいてみるのがいちばんだ。巨大な旅客機エアバスA380のチタン製カバーを開けば、どうして850人もの乗客が快適に飛べるのかがわかるだろう。またヘリコプターを分解すれば、2基の強力なターボエンジンが回転翼を回すことで機体を空中に持ち上げるのがわかる。この章では、私たちを運ぶ機械の内部に隠された秘密を明らかにする。

ラリーカー

RALLYCAR

　一見したところは、　とくに代わりばえのしない、普通の車のようだ。しかし見かけにだまされてはいけない。ラリーチームは市販車を購入して、その価格の10倍もの費用をつぎ込み、ラフロードでも高速に飛ばせる丈夫な車に仕立て上げる。ラリーカーに衝撃は避けがたいため、車体の継ぎ目をしっかりと溶接して補強し、内側にはさらに強固な骨組みを取り付けて2人の乗員を守る。こうした改造によって車体は頑丈になり、その屋根に車を10台重ねて載せてもびくともしない。

過酷(かこく)なドライブ

　ラリーカーで最も痛めつけられる部品は車輪だ。車輪のハブとサスペンションは、高速の衝撃にも耐えられるように強くて軽いチタンで作られている。ラリー用のタイヤは丈夫に作られているが、それでも50kmしかもたない。1回のラリーで1台が180本のタイヤを使い尽くすほどだ。

主な仕様(しよう)

最高速度	時速249km
駆動方式	四輪駆動
寸法	441cm × 174cm × 143cm
エンジン	ターボチャージャー付き4気筒

地面に密着して走る

自動車の形は航空機の翼に似ている。だから高速になると、車体を上向きに持ち上げようとする揚力が働き、不安定になって運転しづらくなる。そこでF1レースカーやラリーカーには、揚力を抑えるため前部と後部にスポイラー（空力板）が付いている。空気の流れを変えてやることで車体を下方に押さえつけ、しっかりと地面をとらえる。

LOOK INSIDE 分解してみたら

安全とスピードを両立

普通の車も、衝突や転倒の際に乗員の生命を守る程度の強さはある。しかし、ラリーカーは内部に丈夫な骨組みを組み込み、通常の2倍以上強くしてある。こうした補強のために重量が増えるとスピードが落ちてしまうため、不要な部品を徹底的に取り除いてある。この車の中身は骨組みに少し毛が生えた程度だ。余分な装備や飾りはまったくない。

動作の仕組み

自動車は、エンジンが発生する動力によって走る。この動力は、シリンダーという金属容器内で生まれる。ピストンがシリンダー内部を上下に動き、クランクシャフトを回す。クランクシャフトは変速機のギアボックスを動かし、動力はさらにドライブシャフトに伝わって車輪を回す。

シリンダー内部の爆発

シリンダーは4ステップの繰り返しによって、動力を発生する。まず、燃料と空気が上部のバルブから吸入される。次にピストンが上昇しこの混合気を圧縮する。その後、点火プラグの火花が飛んで混合気が爆発する。この爆発がピストンを押し下げて動力を発生する。最後にピストンは再び上昇して燃焼ガスを押し出して排気する。

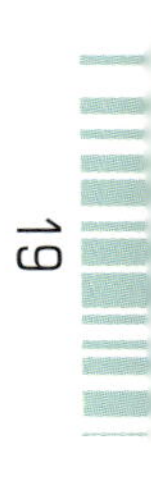

大気汚染

人間は年間約1000万回呼吸する。車の排ガスを吸い込むのは、肺に有毒な化学物質のカクテルを取り込むようなものだ。それには発ガン物質も含まれる。

地球温暖化

燃料を燃やしたときに出る二酸化炭素は、見えない毛布のように地球を包む。そのため地球の温暖化が進み、極地の氷が解けている。科学者によると、2013年以降には北極の氷が夏に消えてしまう。そうなると、ホッキョクグマは絶滅に追いやられるだろう。

自動車マニア

車が好きでたまらないという人は多い。1900年以来、世界の人口はおよそ4倍の66億人まで増えたが、その間に自動車の台数はおよそ1000倍になった。いまや、地球全体で10人に1台の割合で存在している。自動車がもたらした恩恵は絶大だ。それは、いつでもどこへでも移動できる自由だ。だが自動車は社会に深刻な問題も招いた。大気汚染や地球温暖化など環境汚染に関する問題と、限られた石油資源をめぐる紛争だ。遠からず、自動車と地球のどちらを選択するか、決定を迫られるときがくるかもしれない。

自動車の歴史

古代ローマの戦車
古代ローマの二輪戦車は時速60kmも出たとされる。いわば当時のスポーツカーだ。ローマ時代（紀元前100年～紀元400年）を通してよく使われた。

ベンツの自動車
カール・ベンツ（1844～1929年）が1885年に作った車は、最初の自動車の1台である。ガソリンエンジンの三輪車だった。

高くなる石油

毎年のように新たな油田が発見されているが、いずれピークに達するのは確かだ。石油がどれだけ残っているか、正確にはわからないが、あと数十年分とみる予測もある。石油が完全になくなることはないとしても、高価になっていく。太陽光や水素ガスを用いたエネルギーが安価になるにつれて、徐々に切り替わっていくだろう。

石油をめぐる争い

世界の石油の大半は、サウジアラビア、イラク、イランなど中東の国々をまたぐ砂漠地帯に眠っている。ここ数十年、この地域で緊張や紛争が絶えない大きな要因は、石油資源をめぐる各国の争いだ。

自動車の増加

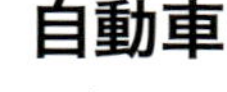

中国、インドのような新興工業国で、急速に新車の販売が増えている。中国では販売数の伸び率が年間80%に及ぶ。自動車メーカーは、地球温暖化を防ぐための車の改良に余念がないが、新興工業国の車の急速なな増加はこうした努力を帳消しにしてしまう。

速さの代償

ブガッティ・ヴェイロンは世界最速の車だ。時速400km以上も出せる。だが、燃費も世界最高クラスだ。標準的なファミリーカーの3倍も燃料を食う。

T型フォード

米国の実業家ヘンリー・フォード(1863～1947年)は、はじめて大衆に手の届く自動車を作った。この画期的な自動車は、高度に効率化された工場の組み立てラインを用いて大量生産された。

フォルクスワーゲンのビートル

20世紀で最も人気のあった車種が、フォルクスワーゲン社のビートル(カブトムシ)だ。1938年から2003年まで生産された。

グリーンカー

未来の車はこの太陽電池レースカーに似ているかもしれない。この車の屋根は、モーターを動かすための太陽電池で覆われている。

未来のスマートカー

FUTURE INTELLIGENT CAR

未来の自動車は、センサーやGPS（全地球測位システム）などの電子装置を満載(まんさい)し、人に代わって車自身が運転するだろう。だから未来のドライブはタクシーに乗っているようなものだ。ドライバーは、運転席を倒して音楽に耳を傾け、風防ガラスに映した映画を楽しむか、本を読んでいてもいい。運転はすべて車がやってくれる。

風防ガラス。車内側はスクリーンになり、走行中にも映像を楽しめる

手動運転に用いるジョイスティック

レーダーシステム。視界の悪い夜間や悪天候でも、自動操縦を可能にする

衝突センサーが前後部に装備され、他の車などの接近を感知して回避する

魔法の車輪

この未来車の外寸は小さいが、その内部は今の車より広い。エンジンがない分だけスペースが節約できるからだ。その代わり4個の小型モーターが車輪のハブに組み込まれている。このハブモーターで四輪駆動するため、悪天候でもしっかりと走る。同時に四輪ステアリングにもなり、方向転換や駐車がとても楽になる。車輪は90度回転するため、この車は横方向にも動くことができる。

未来自動車「ムービー」

フランスのプジョーが開発した未来志向コンセプトカー「ムービー」は、設計者が予想する2020年の自動車だ。乗客はプラスチック製のカプセル状の車体の中に座り、後部には車体を囲む2個の大きな車輪がある。別に2個の小さな車輪が先頭部の下にある。ポリカーボネートなどの軽量プラスチックを用い、燃費を極限まで抑えている。

ペンドリーノ

PENDOLINO TRAIN

二輪車が高速でカーブを曲がるとき、乗り手は車体を内側に傾ける。でも列車がそうするのを見たことはあるだろうか。そんな列車に乗ってみたいと思わないだろうか。

イタリアで設計されたペンドリーノは、車両を傾けてカーブを曲がるため、従来の列車より30％も速く安全に走ることができる。ペンドリーノによって都市間の走行時間はぐっと縮まった。欧州で大変な人気を得たペンドリーノは、10カ国で430本が活躍している。

快適な乗り心地

ペンドリーノは、乗客の利便性を優先した設計を取り入れている。空調は完全で客室は加圧されているため、トンネルに入るときに耳がつんとして不快に感じることはない。大きく開いた窓は開放感にあふれ、電動ドアの幅は広く、車椅子でも楽に乗降できる。

主な仕様

項目	仕様
最高速度	時速250km
使用材料	アルミニウム合金
標準編成	9両編成電車
乗客数	432～494人
全重量	約450トン（乗客を含む）
全長	187m

傾斜機能の威力

ペンドリーノがカーブを高速で曲がるとき、油圧ピストンで各車両を最大8度まで内側に傾斜させる。下部の台車（車輪ユニット）は、レールに密着して傾かずに走るので安全だ。またパンタグラフもスイベル機構で回転するので、車体が傾いても受電に支障はない。

鉄道を敷く

ここ1世紀ほどの沈滞期間の後、鉄道の良さが再認識され、鉄道旅行者が増えてる。

蒸気機関車が発明されたのは18世紀の初めだった。その後数十年間で主な都市間に鉄道が敷かれ、数日かかっていた旅が数時間に短縮された。

20世紀になって鉄道の人気は徐々に落ちていった。人々の主な移動手段は鉄道から自動車に変わり、鉄道貨物はトラック輸送に取って代わられた。長距離の移動も飛行機の登場で一変した。しかし、20世紀末から、高速鉄道が自動車と飛行機に奪われた客を取り戻しつつある。速く、安全で便利だと認められたためだ。

大陸横断鉄道の開通

1869年5月10日、米ユタ州プロモントリーサミットで大陸横断鉄道のレールが1本につながった。北米大陸の東海岸から西海岸までがつながったのだ。鉄道が延びるにしたがって商品の市場も広がった。こうして、経済の成長にとって、鉄道の敷設は欠かせないものとなった。

傾いてカーブを曲がる

車体を傾けて曲がれば、カーブも速く走れる。1970年代に軽量のアルミ製車体を採用した改良型旅客列車APT（写真上）は、それ以前よりも40％速くカーブを曲がることができた。しかし、カーブでの傾斜が急すぎて、乗客の一部は気分が悪くなった。そのため、残念なことにこの列車は廃止されたが、その技術はペンドリーノに生かされた。イタリアのフィアット社でペンドリーノがはじめて製造されたのは1987年のことだ。

鉄道と飛行機

地球温暖化の主因とされる二酸化炭素がエンジンから出てくるが、飛行機の排出量は鉄道を上回る。特に短距離の場合に著しい。離陸に大量の燃料を消費するからだ。短距離の移動に鉄道を使えば二酸化炭素の排出量を90%も削減できる。

ラッシュアワー

鉄道の人気が回復するにつれ、混雑が増すという問題が浮上してくる。これは難題だ。列車の全長を伸ばそうとしてもプラットフォームの長さには限りがある。列車の本数を増やそうとするとダイヤが過密になり、鉄道網全体の遅延が増える原因となる。

急カーブ

ローラーコースターの挙動は車体を傾ける列車とは対極だ。車両がはずれないように、ローラーコースターの車輪はレールの上下についており、どんな急角度でも通過できる。乗客はスリル満点だが、もし列車がこんなに傾いたら誰も乗ろうとはしないだろう。

弾丸列車

日本の新幹線は弾丸列車という愛称で呼ばれる。例えば、N700系は飛行機のような先頭部を持ち、最高時速300kmを出す。2007年に東海道新幹線と山陽新幹線に導入され、カーブの半径が小さい東海道では車体傾斜機能を使う。

未来へ浮上

磁気浮上列車（マグレブ）は、強力な磁石で浮いているため、時速580kmも出すことができる。ある技術者は大西洋の海底にトンネルを掘ってマグレブを通す提案をしており、そうすれば飛行機と張り合うことも可能だと主張している。

パワーショベル

BACKHOELOADER

土を動かしたり、穴を掘ったりするときにはパワーショベルが活躍する。この驚異的な多目的掘削(くっさく)機械は、トラクターの前後に、油圧式ピストンで動く掘削バケットを装着したものだ。この力持ちの運転席に乗り込んで運転してみよう。前方のバケットは象を持ち上げられるほど強力で、1回で1立方メートルの土を動かせるほど大きい。パワーショベルを使えば、力仕事もあっという間に終わる。

金属の筋肉

パワーショベルは、運転者の手足が巨大になって伸びたものだと考えられる。後部の掘削バケットには独立した関節が3カ所あり、人間の肩、ひじ、手首に相当する。前部のバケットの動きは、差し出した2本の腕をそろえて持ち上げるのと同じだ。

主な仕様

寸法	約7m×2m×3m
最高速度	時速40km
バケット回転範囲	後部バケットは200度まで
価格	約650万円

道を造る

パワーショベルは地面を深く掘ることができる。標準的なパワーショベルでは、いっぱいにアームを伸ばすと、6m以上の深さまで届く。キャタピラ式の掘削機（右）を使えばもっと深く、9m程度まで掘れるのが普通だ。車体のキャタピラより上の部分は360度回転することができるため、掘削した岩などを捨てる作業に適している。

LOOK INSIDE 分解してみたら

動作の仕組み

油圧式のピストンは、掘削機（くっさくき）やクレーンなどの建設機械において筋肉のような働きをする。ピストンはシリンダーの内部にぴったりと納まっていて、自転車の空気入れのように往復する。ディーゼルエンジンがシリンダーに油を送ると、ピストンが出たり入ったりする。油を送り込むパイプはピストンよりずっと細く、このためピストンの力が増幅される。油圧機械の強い力はこの増幅原理による。

ピストンの力

パワーショベルのディーゼルエンジンは、油をシリンダーに送り込んでピストンを動かす。油をピストンの奥側に送り込むと、ピストンを押し出す動作になる。油をシリンダーの外側に送り込むと、ピストンは押し戻される。こうしてピストンは押すことも引っ張ることもできる。

油圧装置の断面

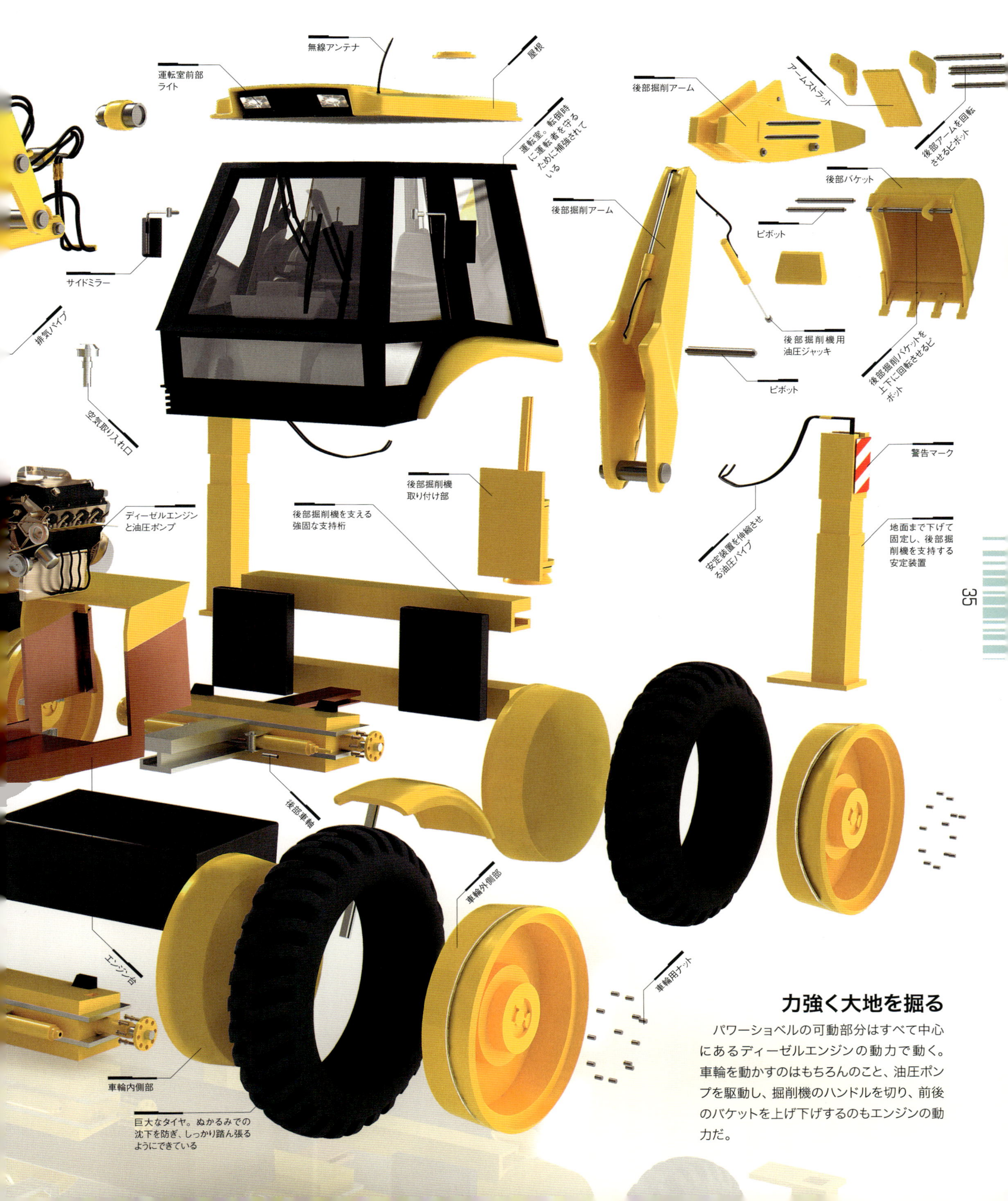

力強く大地を掘る

パワーショベルの可動部分はすべて中心にあるディーゼルエンジンの動力で動く。車輪を動かすのはもちろんのこと、油圧ポンプを駆動し、掘削機のハンドルを切り、前後のバケットを上げ下げするのもエンジンの動力だ。

地球を掘る

地球は、鉱物が豊富に詰まった巨大な岩のようなものだ。砂や石炭から金、銀まで何でもある。人間は、先史時代から鉱物を活用してきた。しかし実際には、地中から物を掘り出すのは骨が折れる仕事だ。鉱物は地殻に閉じ込められ、地中深くに眠っている。それを掘り出すのは大仕事だ。大昔、必要な鉱物は手で掘り起こす以外に手段はなかった。今日では巨大な油圧機械を使い、人手の何十倍も速く岩を取り除くことができる。炭鉱や採石場で働く人数は、以前よりもずっと少ない。しかし、こうした活動は環境やそこに生息する動物に有害な影響を及ぼすため、その解決法が模索されている。

石器時代の名品

これらの道具は石器時代のパワーショベルだ。石刃を木の柄に皮ひもで取り付けてあり、実によくできている。科学的に見ても合理的だ。長い柄を使えばより強い力で掘れるし、とがった先端には力が集中するので、硬い岩でも楽に砕ける。

危険な仕事

採鉱は世界で最も危険な仕事の部類に入る。火災や爆発はしょっちゅうだし、ときとして落盤が作業員を襲う。大量のほこりを吸うこともしばしばだ。それを長期間吸い続ければ呼吸器の病気を起こし、死に至ることもある。

大量消費

私たちは大量の鉱物を消費するので、巨大な鉱山が必要となる。先進国の国民は、一生の間に1600トンもの鉱物を消費する。その用途は、燃料、建材、そして購入し廃棄するすべての製品の材料だ。

ローテクノロジー

強力な掘削機の発達にもかかわらず、今なお手作業で採鉱している国もある。しかも子供たちが従事していることが多い。国連の推定では、百万人にのぼる5歳以下の子供たちが、1日8時間も掘削と運搬の重労働に従事している。

巨大掘削機

怪物を思わせる、この巨大な機械は、露天掘り鉱山用に作られた掘削機だ。これはバガー288と呼ばれるドイツ製の掘削機で、18個のバケットが前部の回転輪に取り付けられている。その大きさは世界最大であり、高さは自由の女神の2倍もある。1日に掘り出せる石炭は24万トンで、ダンプトラック700台分以上になる。

生態系を壊す

採鉱は生態系には有害である。植物を壊滅させて貴重な生態系を壊し、そこにすむ動物たちを滅ぼしたり、他へ追いやってしまう。採鉱という人間活動が、多くの種を絶滅の脅威にさらしている。

危険信号

建設機械は危険を示すために黄色に塗られている。人間の眼は黄色をはっきり知覚でき、脳は危険信号を出す。ちょうどハチを見たときと同じだ。

鉱物

鉱物は地中から掘り出される無機材料だ。私たちの身の回りの至る所で、用途に見合った鉱物が用いられている。エネルギーを利用するためには石炭やウランが、構造物を築くには砂や粘土などの材料が、機械を作るには鉄やアルミなどの金属が使われている。

人間と地球の関係

私たちは移動の手段として、自動車、バス、飛行機、列車を使う。何で移動したとしても、そのたびに地球は痛んでいく。人を運ぶエンジンは石油を燃やし、汚染物質を生じるからだ。地球温暖化の原因となる二酸化炭素も排出する。人間が生きていくためには、どうしても移動する必要はあるが、地球も大切だ。もっと賢く移動し、できるだけ地球にかける負荷を減らさなければならない。

コンテナ船

地球上を移動するのは人だけではない。各国とも大量の貨物をやりとりしている。貨物の大部分は巨大な金属製のコンテナに入っている。世界最大のコンテナ船「エマ・マースク」は全長400m、幅56m、総トン数15万6000トンで、1万4000個のコンテナを運べる。

街の渋滞

日中は交通が渋滞し息が詰まる表通りも、夜は閑散とする。だから交通問題は在宅勤務やフレックスタイムなどで緩和することができる。店舗への配送を夜間にすることも効果がある。

エコツーリズム

私たちは旅行することによって世界各地の名所や自然を楽しむことができる。しかし、観光客が多すぎると、史跡を傷め、野生動物が暮らす環境を損なってしまう。その解決策がエコツーリズム、つまり環境を考える旅だ。それは、訪れる場所の自然をできるだけ傷付けないように配慮した旅行である。

簡単にできること

地球を救うのは大仕事に違いないが、全員で力を合わせれば難しくない。ラッシュ時の交通渋滞の4分の1は子供を学校へ送る親の車だ。歩くのはすぐにできる解決法だ。車で行く代わりに、子供たちに目立つジャケットを着せて、二人ずつ連れ立って学校まで歩く。こうした方法で交通量が減り、道路は安全になり、移動することがずっと楽しくなる。

個人の工夫でエコに貢献

地球を救うのは誰の責任だろうか。政府だけでは問題を解決できない。国民一人ひとりの協力が必要だ。公共の交通機関があるところならば、それを利用して移動すれば誰でも状況を変えられる。徒歩、自転車、スケートによるのならば、もっとよい。燃料を使わないし汚染も出さない。健康にもいいし、なにより街を楽しめる。

情報ファイル

■世界各国の国外旅行者の数は、1950年の2500万人から2005年の7億6000万人に増えた。■2007年に世界中で四輪自動車を7300万台生産した。■食品生産地から食卓までの平均輸送距離は、20年間で25～50％増えた。

航空輸送の現実

確かに飛行機は最速の移動手段に違いないが、その騒音と汚染の影響もまた最大だ。実は、すべての航空路線のおよそ半分は飛行時間3時間以下で、数百km以下の短距離輸送だ。この程度の移動は列車で代えることができる。そうすれば温暖化への影響が90％も減る。

厳しい救助活動

シーホークのキャビンは任務に応じて変更可能だ。基本的な兵士輸送の場合、14座席が用意される。捜索や救助時には、座席を取り外してウィンチを設置できる。ウィンチ関連の装置はキャビン内の4分の1を占める程度で、乗員と救助した負傷者のために十分な場所が残る。

海難事故が起きると、各国の海軍が出動を要請されることが多い。現場に駆けつけた軍艦に搭載されているのが、シコルスキー・シーホークだ。海上での過酷(かこく)な条件に耐えるよう作られたヘリコプターで、厳しい状況への対応も可能にする機能を満載している。

シーホーク SEAHAWK

主な仕様

キャビン寸法	3.8m×1.9m×1.3m
最大積載重量	4123kg
速度	時速284km
航続距離	453km
動力	ターボシャフトエンジン2基

占有場所を削減

シーホークは回転翼を折りたためるため、場所をとらない。通常は幅16.4mだが、折りたたむとわずか幅3.3mになる。

動作の仕組み

飛行機と違い、ヘリコプターは離陸する際に前進する必要がない。回転翼（ローター）は小さな主翼のような働きがあり、高速で回転すると揚力（上向きの力）を発生する。ヘリコプターの操縦は回転翼を傾けることによって行う。回転翼を傾けると一方の揚力が増え、傾けた方向へ機体が移動する。

回転翼の反作用

主回転翼が回ると、反作用によってヘリコプター全体が反対方向へ回転しようとする（赤矢印）。尾部の小回転翼がこれに対抗して反対に押し戻す（青矢印）。

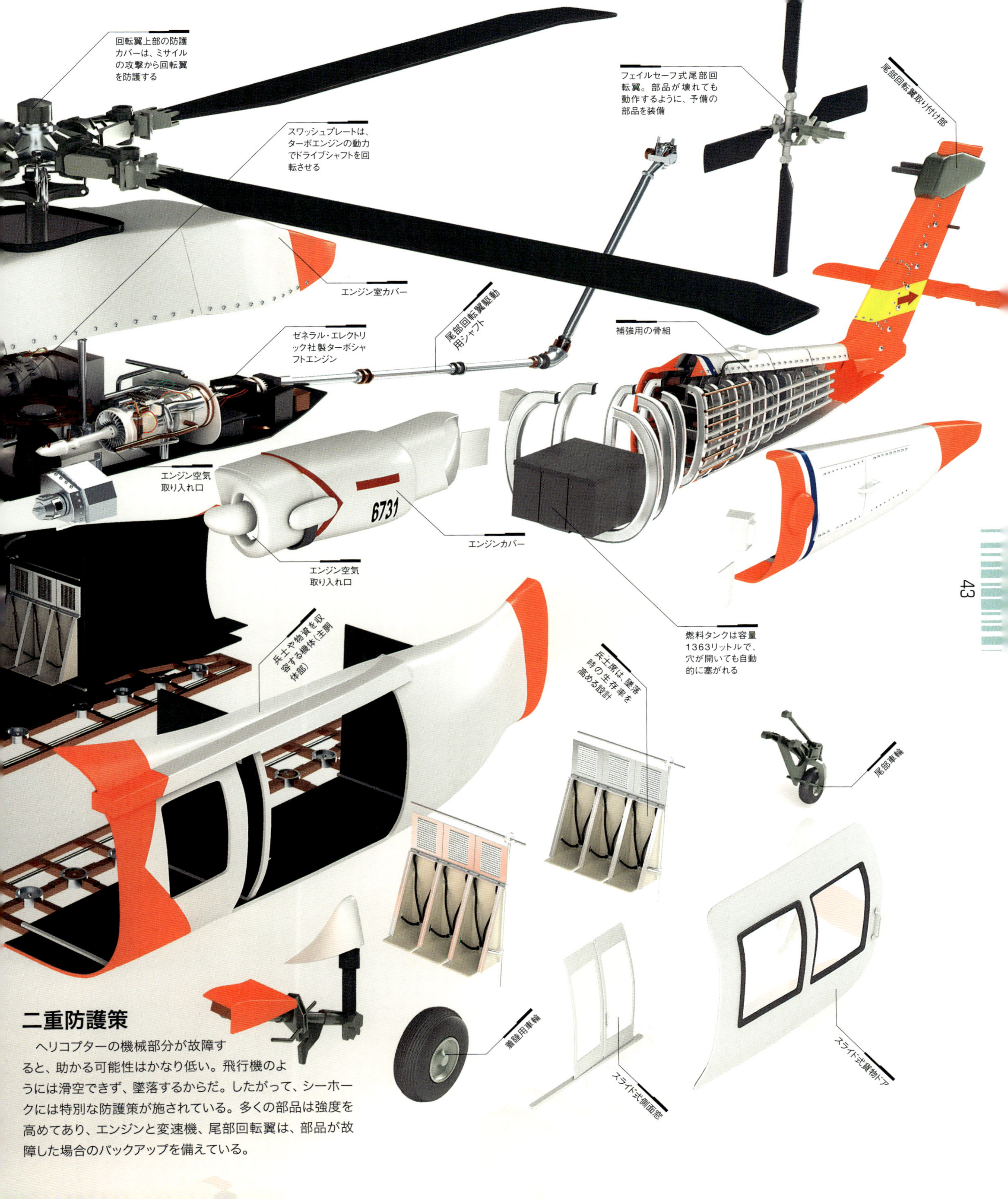

二重防護策

ヘリコプターの機械部分が故障すると、助かる可能性はかなり低い。飛行機のようには滑空できず、墜落するからだ。したがって、シーホークには特別な防護策が施されている。多くの部品は強度を高めてあり、エンジンと変速機、尾部回転翼は、部品が故障した場合のバックアップを備えている。

ヘリが来た！

山で遭難したときや、海で船が沈没したとき、救助のために降下してきたヘリコプターの響きほど心強く感じる音はないだろう。ヘリコプターの操縦士は前後左右、上下へと回転翼を傾けてあらゆる方向へ飛行できる。垂直に離着陸できるので、飛行機で行けないところにも到達できる。これこそが、ヘリコプターが多くの状況で非常に役に立つ理由である。ヘリコプターはまさに、空の輸送の万能選手なのだ。

ナスカの謎

ペルーの乾燥したナスカ台地に残されたこれらの不思議な模様は、空からしか見ることができない。2000年以上前に描かれたものもある。人間が空を飛んだのは、私たちが考えるよりも、はるか以前なのかもしれない。

空中散布

穀物畑に農薬をまく作業は、トラクターよりヘリコプターや飛行機のほうがずっと早い。農薬をパイプから噴霧するとき、自動的に静電気を帯びさせる機能を備えた機種もある。こうすることによって広範囲に均等に噴霧される。

自然界のヘリコプター

植物は、その種をまき散らすことによって、子孫を残す可能性を高めている。カエデから落ちた種は回転しながら、はらはらと飛んでいく。ただし、ヘリコプターと違って動力を持たないので、遠くまでは飛んでいけない。

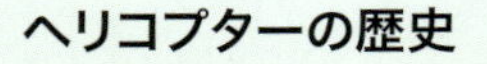

ヘリコプターの歴史

ダ・ヴィンチのスケッチ

イタリア・ルネサンスの天才レオナルド・ダ・ヴィンチ（1452～1519年）は15世紀にヘリコプターの機構図をスケッチしていた。スクリューの形をした回転翼は操縦士が回すものと思われる。

最初のヘリコプター

ライト兄弟による初飛行の4年後の1907年、フランスの飛行士、ポール・コルニュ（1881～1944年）がこの2基の回転翼のヘリコプターで20秒間の飛行をした。

山火事

人里離れた森林で発生した山火事に対処できる唯一の手段がヘリコプターだ。専用に作られた消防用ヘリコプターは、長く吊り下げたホースで湖や川から水を吸い上げて、それを火の上にまく。タンクで消防車3台分の水を運べる。

空飛ぶ救急車

救急ヘリコプターは、地上の救急車より少なくとも3倍速く移動できる。山や断崖、海上で事故が起きた場合、すばやく救助するにはヘリコプター以外に手段はない。その機内には基本的な医療機器が備えてあり、医師が同乗して治療できるドクターヘリもある。

力自慢のヘリコプター

CH-47チヌークは、世界最大級のヘリコプターだ。そのキャビンは自動車を収納できるほど大きい。3個のフックを使って最大25トンの積荷を吊り上げることができる。これは大型の象3頭分の重量だ。

災害救助

ヘリコプターは滑走路の必要がないため、洪水や地震など自然災害時の救助作業に最適だ。下の写真は、洪水後のバングラデシュに送られた非常用毛布。

オートジャイロ

スペイン人ホアン・デラ・シエルバ（1896～1936年）が1933年に作ったこのオートジャイロは、飛行機のように飛べるが離着陸はヘリコプターと同じだ。回転翼を傾けて、あらゆる方向に移動した。

イゴール・シコルスキー

いつも着こなしに気を使ったロシア人技術者イゴール・シコルスキー（1889～1972年）は1939年、初の実用的な単回転翼のヘリコプターを開発した。12歳でゴムひもを動力にした飛行機を作って以来、飛行機一筋の一生を送った。

改造機体

米海軍のV-22オスプレイは主翼の先端に回転翼が付いており、これを上に向けてヘリコプターのように垂直に飛び上がり、その後に前に向けて通常の飛行機のように飛ぶ。

エアバスA380

AIRBUS A380

これほど巨大な物体が飛び上がるとは、まさに驚異的である。世界最大の旅客機エアバスA380は、機体の全長が2階建てバスを9台連ねたほどあり、主翼の両端までの幅は、その全長を上回る。一見すると従来のジャンボ機より少し大きい程度にしか見えないが、2倍の乗客を乗せることができる。

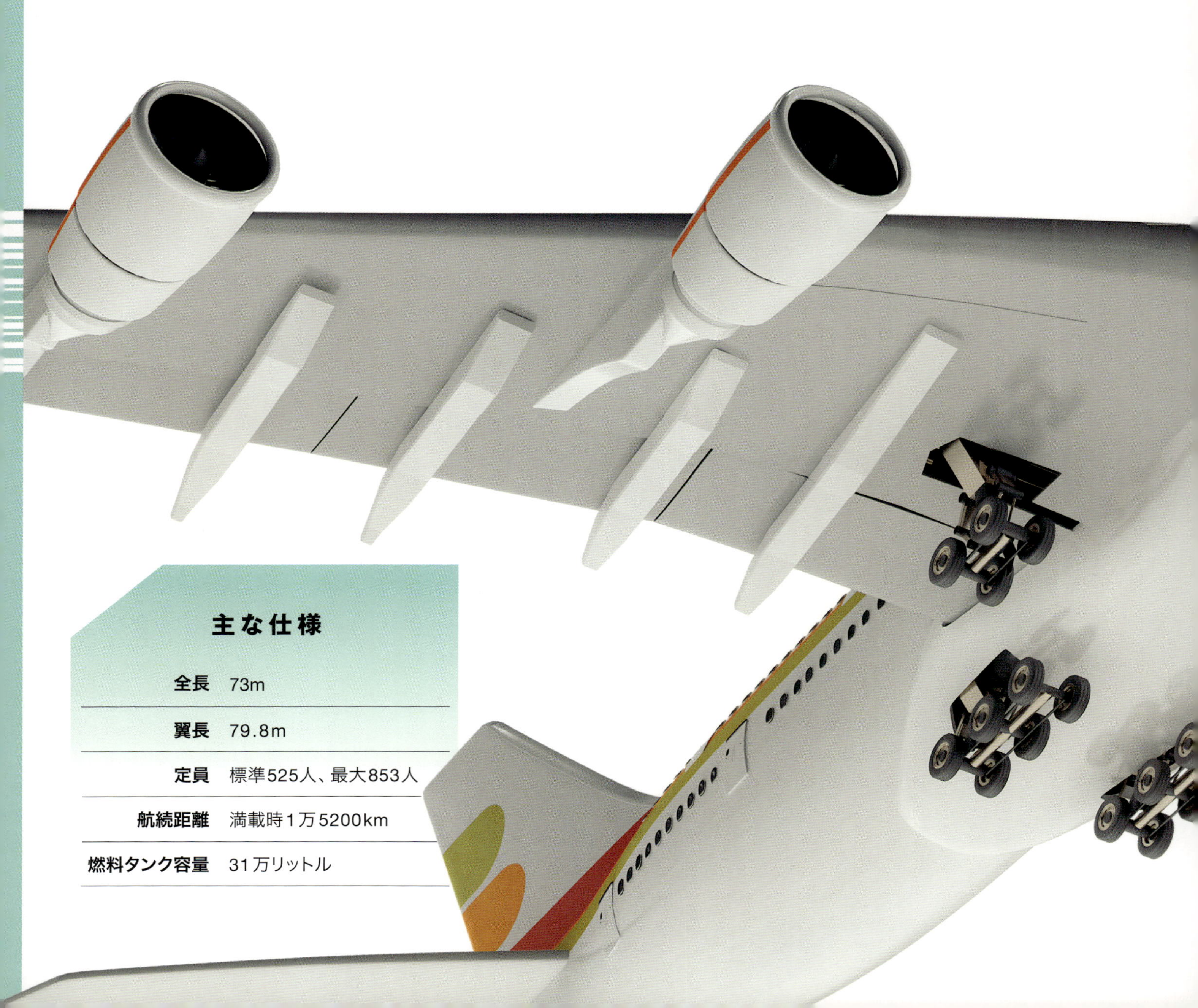

主な仕様

全長	73m
翼長	79.8m
定員	標準525人、最大853人
航続距離	満載時1万5200km
燃料タンク容量	31万リットル

巨大なエンジン出力

4基のロールスロイス社製エンジンがエアバスの巨大な推力を生み出す。各エンジンは毎秒1トンの空気を時速560kmの速さで取り込む。このエンジンと主翼の働きにより、80頭の象に等しい機体を浮き上がらせる。

旅のスタイル

ファーストクラスの乗客は、1階の仕切られた客室で最上のもてなしを味わう。ベッドにもなる革張りシート、広々とした足元、ワイドスクリーンの液晶テレビが備わっている。航空会社によってはジム、カジノ、美容院、店舗を置くことまで考えている。

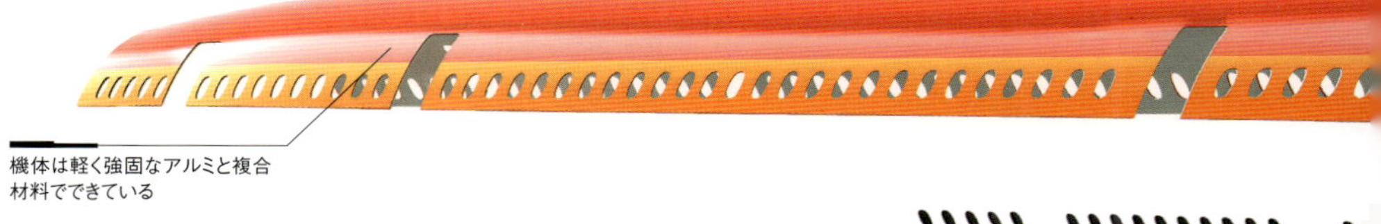
機体は軽く強固なアルミと複合
材料でできている

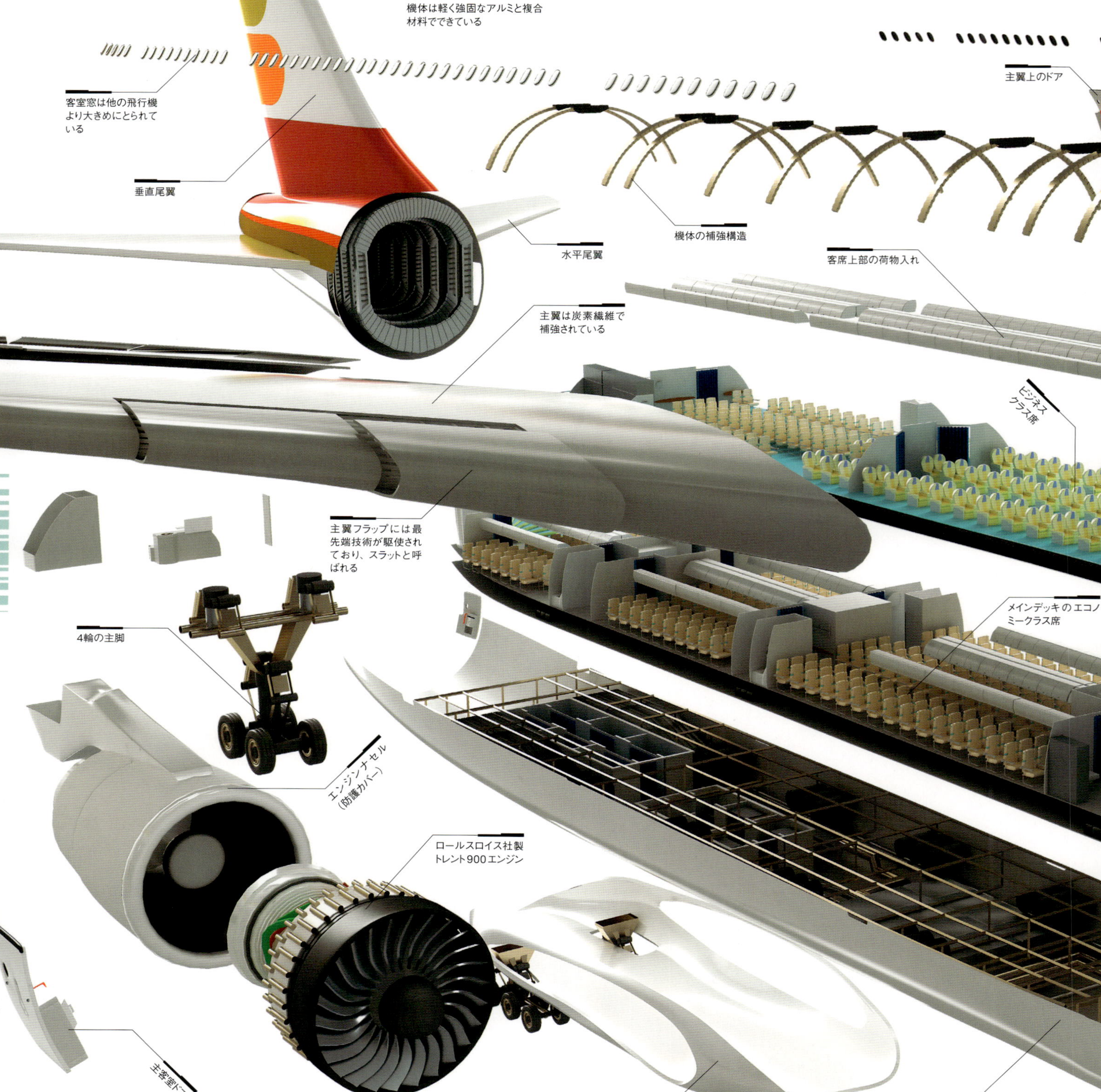
客室窓は他の飛行機
より大きめにとられて
いる
主翼上のドア
垂直尾翼
機体の補強構造
水平尾翼
客席上部の荷物入れ
主翼は炭素繊維で
補強されている
ビジネス
クラス席
主翼フラップには最
先端技術が駆使され
ており、スラットと呼
ばれる
メインデッキのエコノ
ミークラス席
4輪の主脚
エンジンナセル
（防護カバー）
ロールスロイス社製
トレント900エンジン
主客室ドア
着陸装置の覆い
下段貨物デッキ。標準
サイズのパレットやコン
テナを収容する

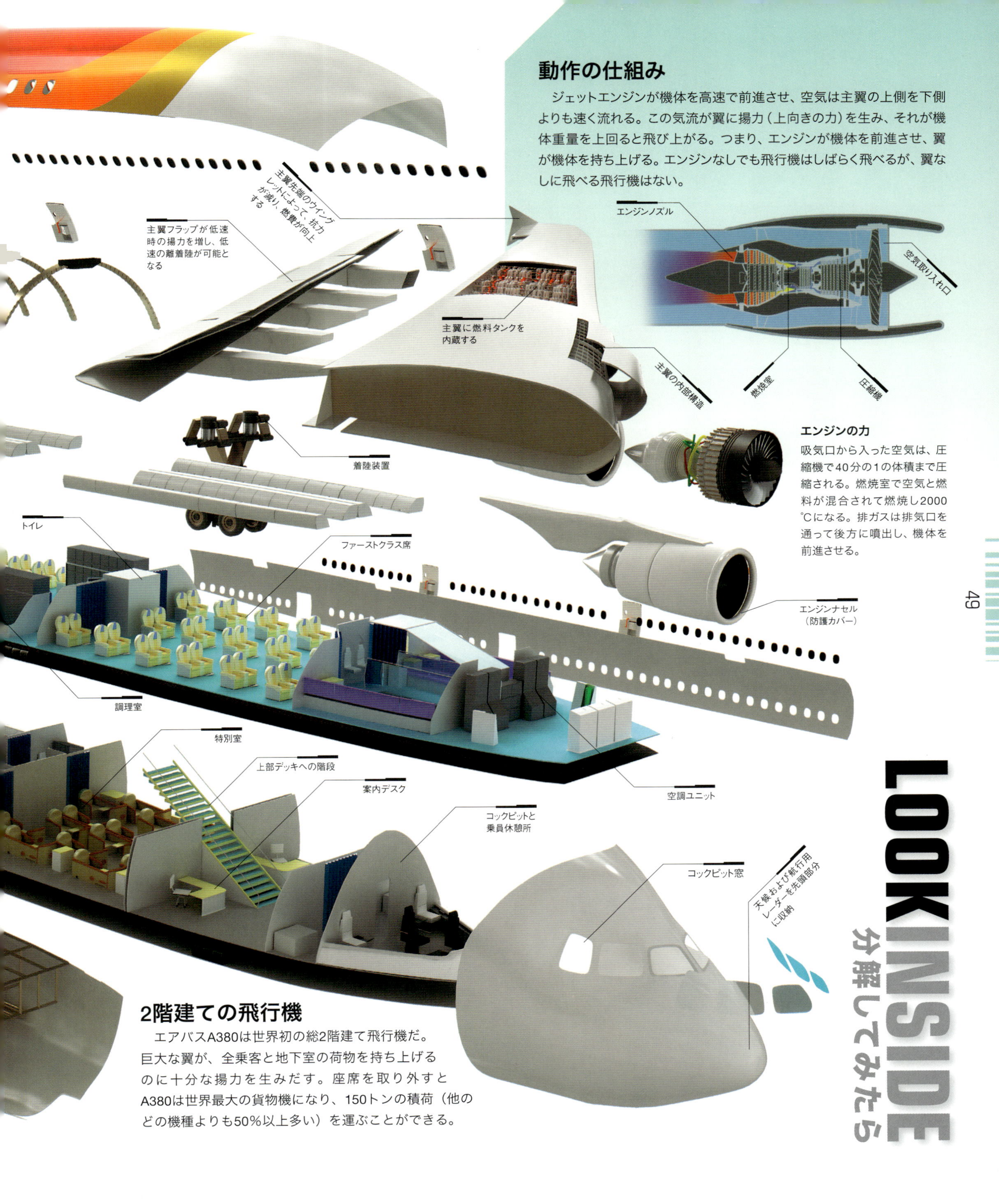

動作の仕組み

ジェットエンジンが機体を高速で前進させ、空気は主翼の上側を下側よりも速く流れる。この気流が翼に揚力（上向きの力）を生み、それが機体重量を上回ると飛び上がる。つまり、エンジンが機体を前進させ、翼が機体を持ち上げる。エンジンなしでも飛行機はしばらく飛べるが、翼なしに飛べる飛行機はない。

エンジンの力

吸気口から入った空気は、圧縮機で40分の1の体積まで圧縮される。燃焼室で空気と燃料が混合されて燃焼し2000℃になる。排ガスは排気口を通って後方に噴出し、機体を前進させる。

2階建ての飛行機

エアバスA380は世界初の総2階建て飛行機だ。巨大な翼が、全乗客と地下室の荷物を持ち上げるのに十分な揚力を生みだす。座席を取り外すとA380は世界最大の貨物機になり、150トンの積荷（他のどの機種よりも50%以上多い）を運ぶことができる。

大空を飛ぶ

地球上で最も速い移動手段は飛行機だ。流線型をした金属性の鳥たちが毎日何千機も空に舞い上がっている。飛行機にこれほど人気がある理由は明らかだ。山を越え、海、密林、砂漠をものともせず、あらゆる場所へ素早く飛んでいける。19世紀初頭の大西洋横断は蒸気船が最も速かったが、それでも約1カ月かかった。それが20世紀後半には、飛行機でわずか3時間になった。

音の3倍速く

最高時速3529km。ロッキードマーチンSR-71機（右）は、音速の3倍（エアバスA380の4倍）の速さで飛ぶことができた。1990年代まで米空軍の偵察機として使われ、現在は退役している。

世界をこの目で

南太平洋のイースター島（左）は、南米チリの沖合に浮かぶ島である。このような別世界への旅を可能にしたのは飛行機だ。1950年代に空の旅が普及するまで、こうした秘境は一握りの人しか旅行できなかった。

空の安全

意外に思えるかも知れないが、飛行機の旅は自動車よりも22倍も安全だ。それに貢献しているのがレーダーである。悪天候でも安全に着陸できるよう操縦士を助けている。

飛行機の歴史

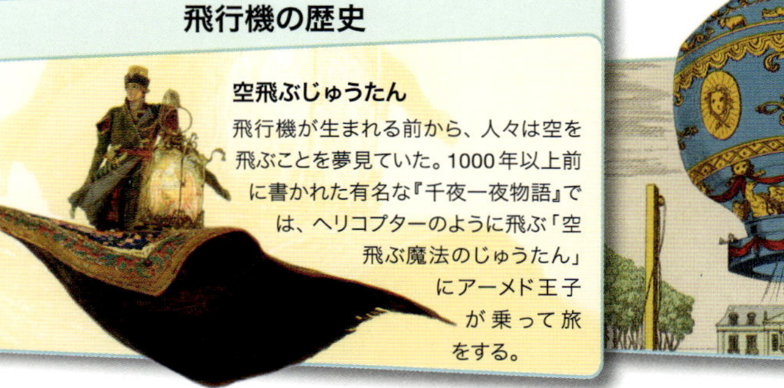

空飛ぶじゅうたん

飛行機が生まれる前から、人々は空を飛ぶことを夢見ていた。1000年以上前に書かれた有名な『千夜一夜物語』では、ヘリコプターのように飛ぶ「空飛ぶ魔法のじゅうたん」にアーメド王子が乗って旅をする。

モンゴルフィエ兄弟

フランスのモンゴルフィエ兄弟がはじめて熱気球を実用化した。1783年11月21日、2人乗りのモンゴルフィエ方式の気球がパリ上空を9km、23分間にわたって飛行した。

フードマイル

飛行機に乗ったことがない人も飛行機の恩恵を受けている。スーパーマーケットへ行けば、世界各地から運ばれた新鮮な野菜と果物があふれている。おかげで一年中あらゆる種類の食べ物を楽しむことができる。残念なことに、これらを運ぶのに大量の燃料が使われるため、値段が高くなり、環境にもよくない。

空港での試練

空港が広すぎると、乗客は疲れ果ててしまう。世界一多忙な空港は米ジョージア州アトランタのハートフィールド・ジャクソン国際空港だ。年間約百万便が発着し、およそ8000万人の乗客をさばく。

巨大な荷物

下のエアバス・ベルーガは、飛行機の部品を世界各地に運搬するための輸送専用機だ。燃料と積荷を満載にして離陸すると、総重量は155トンで、巨象22頭分に匹敵する。貨物室はバスケットボール10万個以上を積める広さがある。

滑走路がない場所でもオーケー

この飛行機は機体の下に2基の大きな浮きを備え、沿岸の穏やかな水面で離着陸できる。このような水上飛行機は、20世紀初頭、まだ多くの近代的空港ができる以前には盛んに使われた。

ライト兄弟

さらに有名なのはウィルバーとオービルのライト兄弟だ。1903年12月に動力を用いた初飛行を達成した。今にも壊れそうな木製飛行機の滞空時間はわずか12秒間だったが、飛行機時代の幕を開くには十分な長さだった。

アメリカの英雄

毎年大西洋を無数の人が横断しているが、はじめて単独で横断をした人がチャールズ・リンドバーグ（1902～1974年）だ。1927年に彼が米国からフランスまで、最初の単独大西洋横断飛行をしたとき、33時間余りを要した。

ジャンボジェット機

1970年の登場以来、ボーイング747「ジャンボジェット」は世界で最も愛された飛行機だ。その巨大な胴体は400～500人の乗客を乗せることができる。

未来の宇宙船

FUTURESPACEPLANE

宇宙航空技術者は、地上110kmを飛ぶ機体の設計に着手している。現在のジェット機が飛ぶ高度の約10倍だ。運良くこの機体の最初の定期飛行に乗れたら、宇宙旅行者の第一陣に仲間入りすることができる。

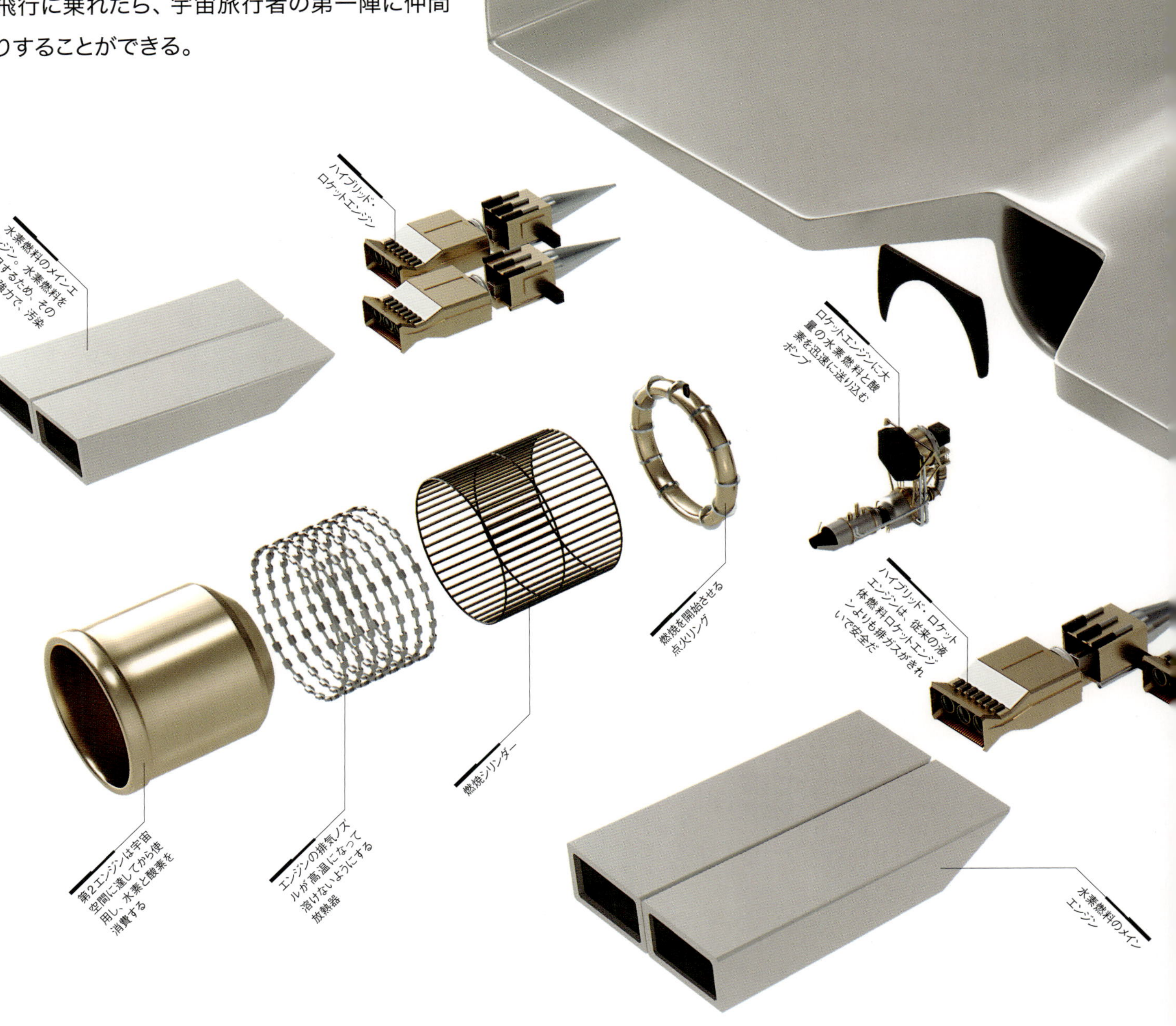

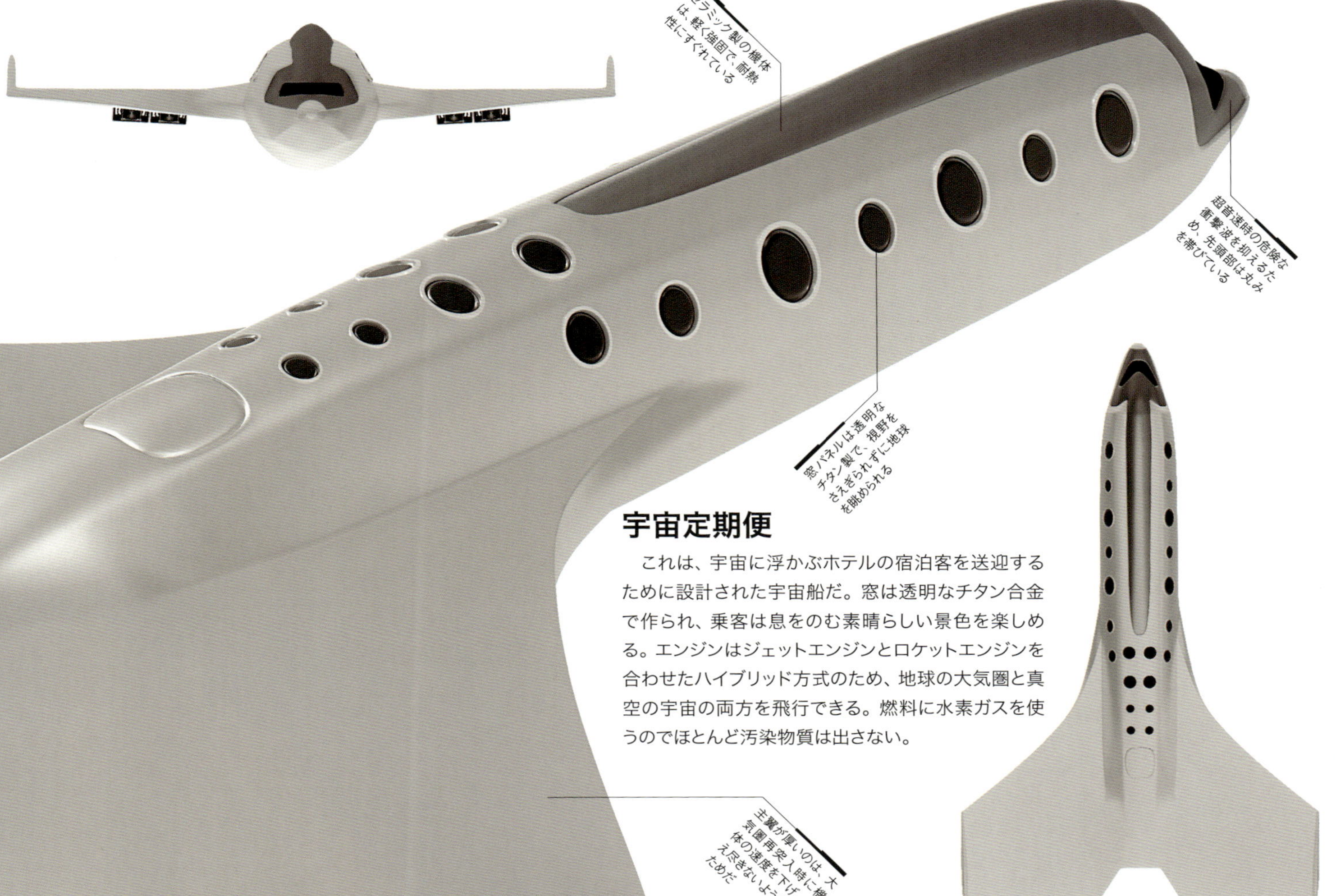

宇宙定期便

これは、宇宙に浮かぶホテルの宿泊客を送迎するために設計された宇宙船だ。窓は透明なチタン合金で作られ、乗客は息をのむ素晴らしい景色を楽しめる。エンジンはジェットエンジンとロケットエンジンを合わせたハイブリッド方式のため、地球の大気圏と真空の宇宙の両方を飛行できる。燃料に水素ガスを使うのでほとんど汚染物質は出さない。

宇宙旅行訓練

重力理論の世界的権威であるイギリスの物理学者スティーブン・ホーキング（1942年〜）が宇宙旅行をめざして訓練を受けているところ。ホーキング博士は、病気のために、ほとんど全身が麻痺していて普段は車椅子生活だ。2007年1月、65歳の誕生祝いに博士は通称「ヴォミットコメット」という訓練機に乗った。一気に高度を上げ、その後急降下し一時的に機内に無重力状態を作り出すものだ。

宇宙服 SPACESUIT

人間の体は地球上の生活に完全に適応しているが、宇宙を旅行できるようには作られていない。宇宙は暗く、危険がいっぱいだ。燃えるような高温にさらされる場所もあれば、マイナス何十度という極寒にも出会う。何よりも、息をするのに必要な空気がない。高性能の宇宙服はいわば個人用の小さな宇宙船だ。これによって保護されなければ、人間は生きていけない。

人工の外皮

私たちの体は、筋肉でできた配管とポンプ、そしてあらゆる種類の自己制御機構が詰まった機械のようなものだ。これらの働きによって私たちは生きている。宇宙服の働きも、これに似ている。私たちの体内装置が、宇宙の過酷（かこく）な環境でも機能を保つようにする人工外皮のようなものだ。

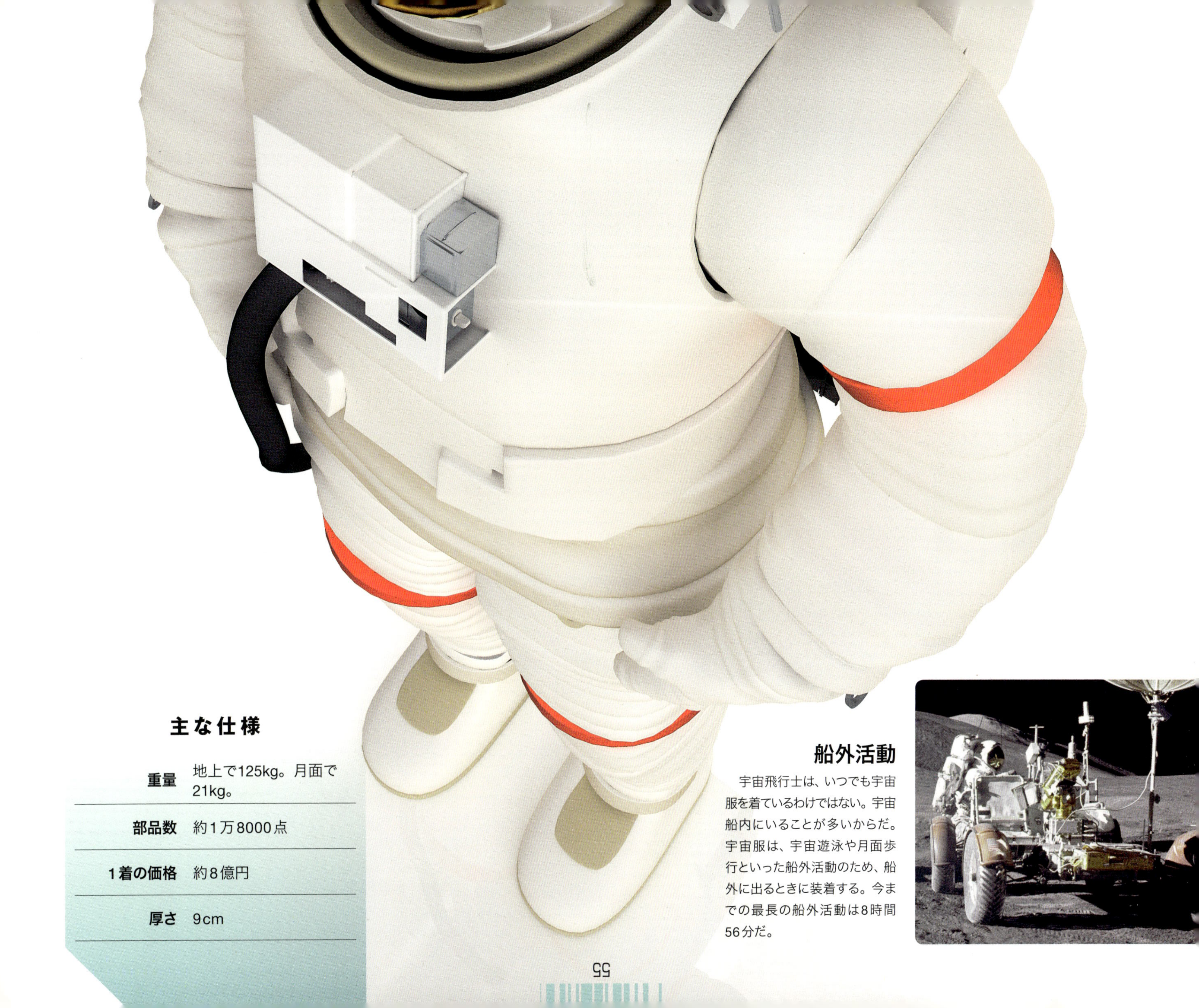

主な仕様

重量	地上で125kg。月面で21kg。
部品数	約1万8000点
1着の価格	約8億円
厚さ	9cm

船外活動

宇宙飛行士は、いつでも宇宙服を着ているわけではない。宇宙船内にいることが多いからだ。宇宙服は、宇宙遊泳や月面歩行といった船外活動のため、船外に出るときに装着する。今までの最長の船外活動は8時間56分だ。

LOOK INSIDE
分解してみたら

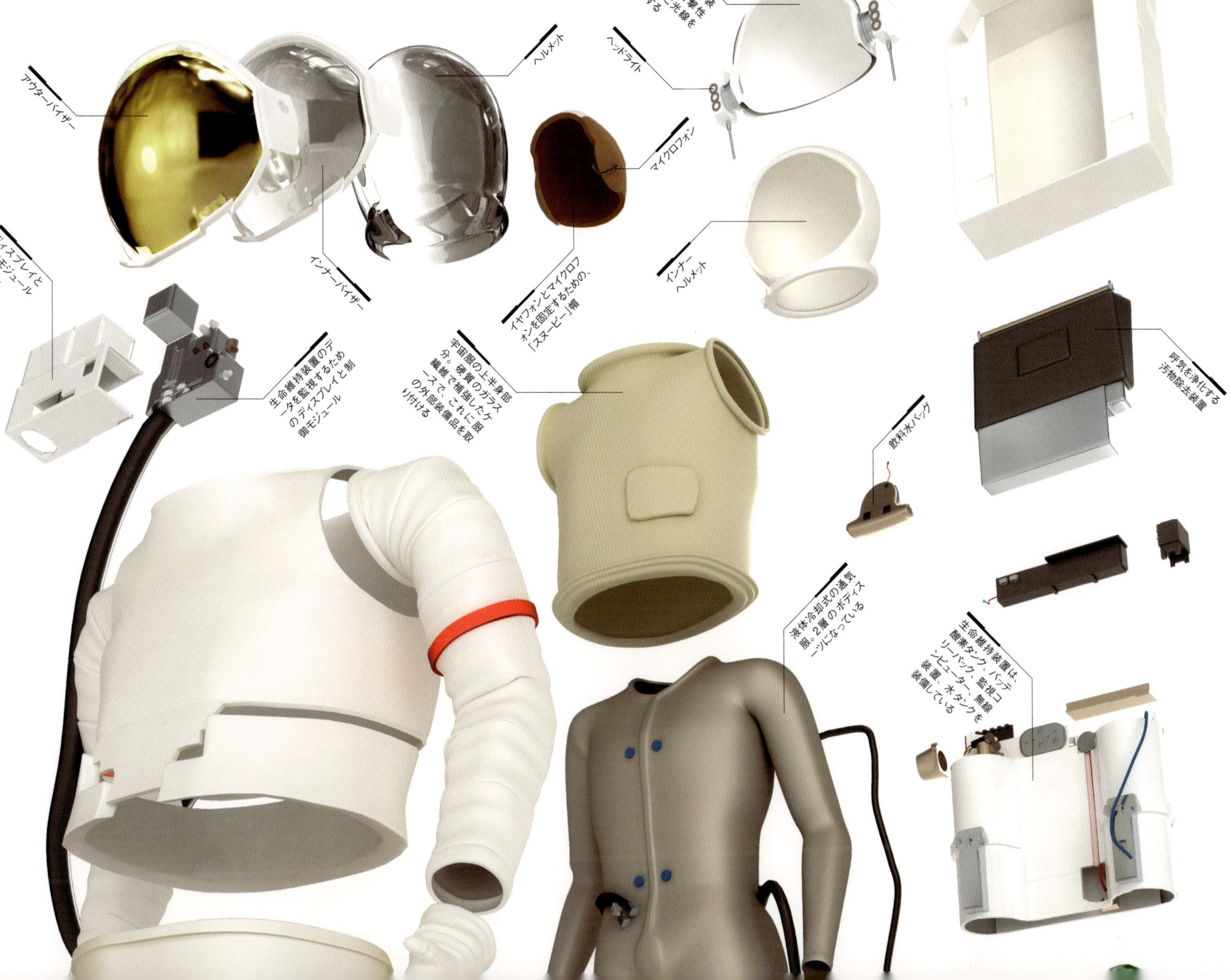

アウターバイザー

インナーバイザー

ヘルメット

イヤフォンとマイクロフォンを固定するための、「スヌーピー」帽

マイクロフォン

ヘッドライト

船外バイザー装置は、耐衝撃性で熱線と光線を反射する

インナーヘルメット

バックパックケース

水蒸気回収器は宇宙飛行士の呼気から水蒸気を分離する

ディスプレイと制御モジュールのカバー

生命維持装置のデータを監視するためのディスプレイと制御モジュール

宇宙服の上半身部分。硬質のガラス繊維で補強したケースで、これに服の外部装備品を取り付ける

呼気を浄化する汚物除去装置

飲料水バッグ

液体冷却式の通気服。2層のボディスーツになっている

生命維持装置は、酸素タンク、バッテリーパック、監視コンピューター、無線装置、水タンクを装備している

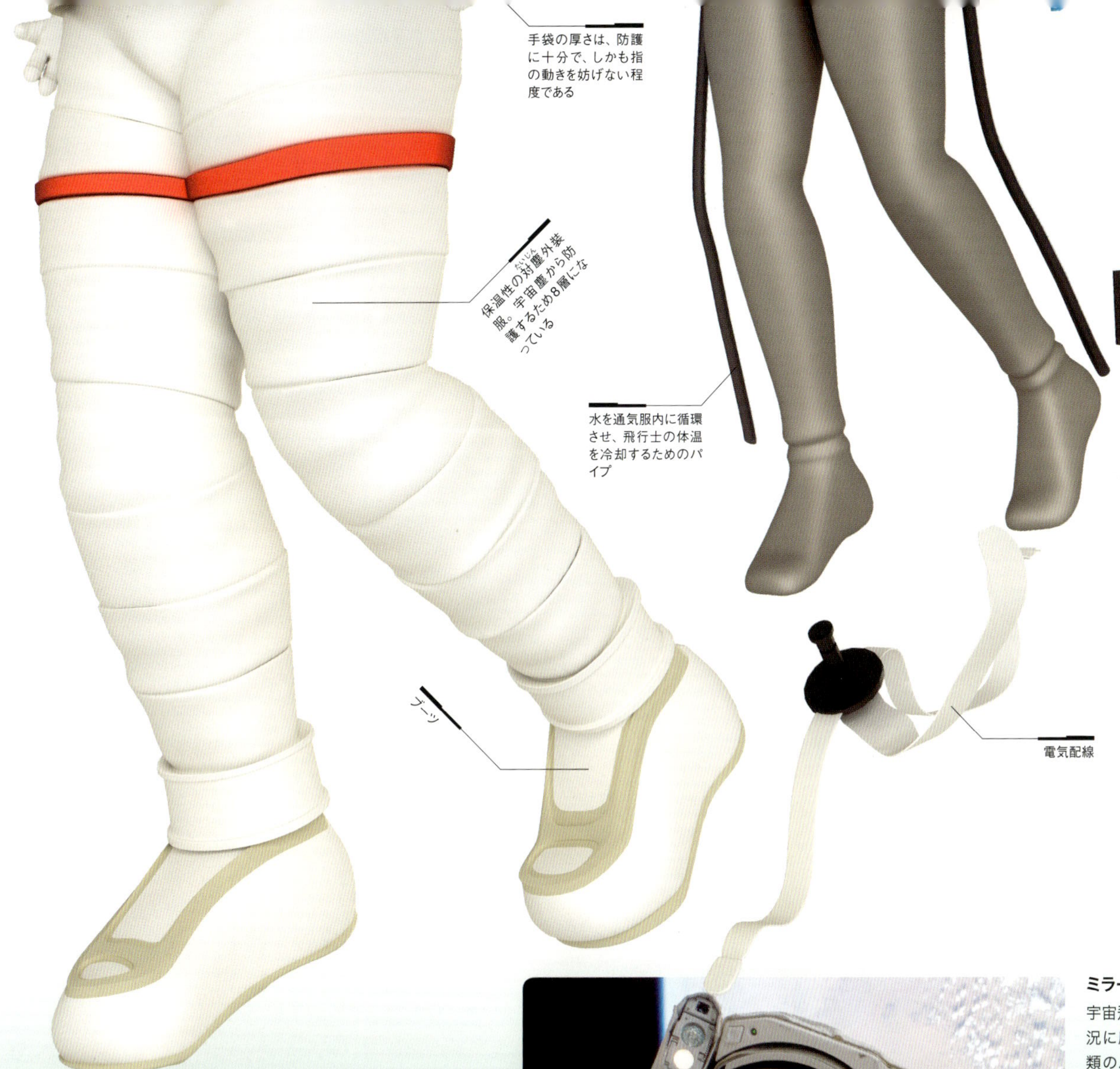

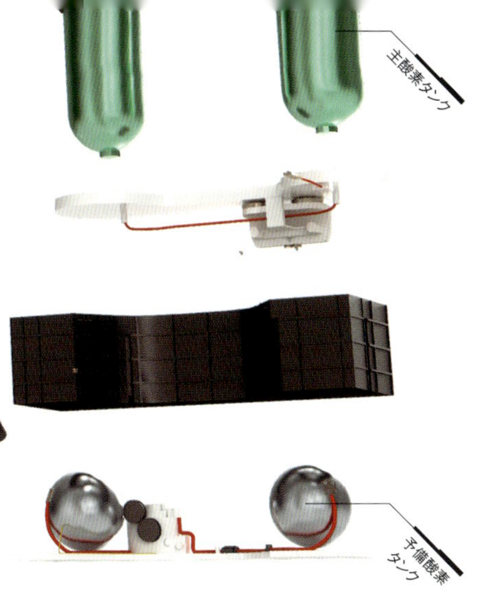

手袋の厚さは、防護に十分で、しかも指の動きを妨げない程度である

保温性の対塵外装服。宇宙塵から防護するため8層になっている

水を通気服内に循環させ、飛行士の体温を冷却するためのパイプ

主酸素タンク

予備酸素タンク

ブーツ

電気配線

生命維持装置

宇宙服は、宇宙飛行士の生命を少なくとも連続数時間は保証する必要がある。だから主酸素タンクと予備酸素タンクはとても重要だ。船外活動が長い場合には最大吸収服（MAG）もまた重要となる。これは、大きなオムツと下着のパンツを合わせたようなもので、肌の上に直接着る。

ミラーマン

宇宙飛行士のヘルメットには、状況に応じて上げ下げできる3種類のバイザーがついている。外側のバイザー表面には金の薄膜を塗布し、太陽の有害な光線を遮断しながら、視界を確保している。頭部の両側面には、太陽光が届かないところで作業するため、強力なヘッドライトが付いている。

動作の仕組み

一歩宇宙に出ると、宇宙飛行士の生命を守るのはこの宇宙服しかない。標準的な宇宙服は13～24層になっており、それぞれの層が個別の役割を担っている。外層は、危険な宇宙塵（うちゅうじん）（宇宙を飛来する微小な岩石）から人体を保護するのに十分な強度があり、耐火性能も備えている。内層は極端な熱さ（日照）と寒さ（日陰）から人体を保護する。宇宙服の内部は飛行機の機内のように加圧されているため、呼吸など人体の機能は地上にいるときと同じように保たれる。

宇宙技術が大活躍

自分が宇宙旅行者だと思う人はいないだろうが、実はそういう見方もできる。私たちが住んでいる地球は、宇宙を飛び回っている岩の固まりだ。だから宇宙飛行士と同じ目にあうこともある。買い物に出かけるときは、太陽の紫外線を避けるためサングラスをかけるし、寒さをしのぐには防寒服も必要だ。宇宙飛行用に開発された材料は地球でも役に立つ。身近なところでは、自転車選手の耐衝撃ヘルメットにはNASAの技術が使われているし、クッション性を高めたジョギングシューズには、月面用に開発された材料が使われている。

サングラス

サングラスのレンズはたいていプラスチック製だが、宇宙開発のおかげで、今ではダイヤモンド状炭素を塗布したものがある。これは従来の10倍も傷付きにくいうえ、細かい炭素の層は表面が滑らかなので雨滴もすぐに落ちる。

寒くても快適

月面では温度が一気に上下する。つま先までしびれるマイナス157℃の寒さから、暑いほうは血液も沸騰する120℃まで上がる。だから月面飛行士は24層の断熱服を着て環境変化に対応する。地球上ではこれほどではないにしても、重ね着が役に立つ。外層は風を防ぎ、基層（内層）は皮膚から蒸発する水分を閉じ込め、空気と温度を保つ。

空気抵抗が最小

重くて暑いヘルメットはもはや時代遅れだ。この自転車用ヘルメットの空気力学的形状と換気口は、宇宙航空工学の成果だ。このタイプのヘルメットは外層が割れにくいポリカーボネート製で、内側は緩衝用の発泡体でできている。

驚異の繊維

写真は、防水繊維ゴアテックスの電子顕微鏡写真だ。この繊維は宇宙服に使われるテフロンという滑らかな素材からできている。この繊維には水滴の2万分の1ほどの微小な穴が開いている。このため外側からの雨は通さないが、汗を逃がす。ゴアテックスが防水性なのに通気性も保てる理由はここにある。

水中でも暖か

水は空気の40倍も速く体温を奪う。冷たい海では、人がものの数分間で死んでしまうのはそのためだ。ウェットスーツはネオプレン（合成ゴム）でできており、内側にはチタンや銅の金属層があって熱を反射して体に戻す。スーツは体に密着し水を閉じ込める。この水は体温ですぐに温まり断熱層の働きをする。宇宙服にもネオプレンの層がある。

はずむ足どり

粘性と弾性を同時に持つ粘弾性の「形状記憶発泡体」を使った靴がある。この材料は、温められると軟化し、圧力を和らげる。1970年代、ロケット打ち上げ時の飛行士にかかる極度の圧力を和らげるため、NASAの科学者たちが座席のクッション用に開発した。この緩衝用発泡体は、痛みを和らげるマットレスや枕にも使われている。

先進の耐火服

自動車レーサーは、レーシングスーツの下に、ノメックスという炭素系材料でできた耐火服を着ている。宇宙服や靴にもノメックスの層を使用したものがあり、火と熱から宇宙飛行士を守っている。あなたの家にもノメックスがあるかもしれない。それは耐熱性のオーブン用手袋だ。

アリアン5

ARIANE5

ロケットの発射。それは期待に満ちた壮大な旅の始まりだ。文字通り地球の外に飛び出す。ロケットというと月へ人間を送るものと思ってしまうが、ほとんどは人工衛星の打ち上げに使われている。欧州宇宙機関（ESA）のアリアン5は、乗用車の10倍の長さで、打ち上げ時のエンジン推力は大型ジェット旅客機の10倍だ。

ブースター

アリアン5の第1段の中央部は、液体燃料を使うメインエンジンだ。その両側には固形燃料を使うロケットが付く。この固体ロケットブースター（SRB）は、巨大な花火のようなもので、打ち上げ時の推力の90%を負担する。

宇宙の目

今度町を歩くときに、空に向かってほほえむといい。ひょっとすると、人工衛星があなたの写真を撮ってくれるかもしれない。こうした電子仕掛けの無人飛行体が何千と地球の周囲を回っている。写真を撮るものや、科学観測をするものから、電話、テレビ、インターネットのデータを地球の裏側へ中継しているものまで、さまざまだ。さらに私たちの居場所や行く先を教えてくれるものもある。私たちはほとんど瞬時に通信できるのが当たり前と思っているが、それは私たちの頭上をいろいろな高さで回っている人工衛星のおかげだ。

いつでも通じる

通信衛星を使えば地球上のどんな場所からでも電話が通じる。地球の自転とちょうど同じ速度で回る軌道なら、上空の一点に静止することになる。それは赤道上空3万5900kmの高さだ。

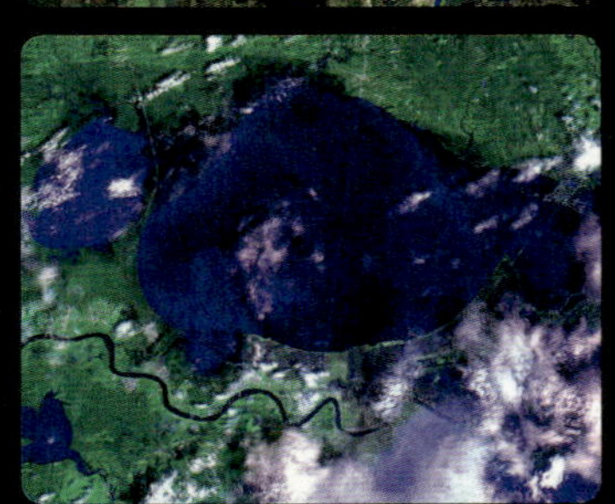

災害の前と後

衛星が写真を撮るのは、250～1,000km上空の軌道からだ。左の写真はランドサット7号が撮ったものだ。2005年8月、ハリケーン・カトリーナが襲った米国ニューオーリンズの洪水前（上）と後（下）を示している。

アリアンの打ち上げ失敗

アリアンが打ち上げた衛星はおよそ300基に上るが、すべてが軌道に乗ったわけではない。1996年6月4日、アリアン5のはじめての打ち上げは大失敗だった。コンピュータープログラムのエラーでロケットは打ち上げ後すぐに墜落し、搭載していた4基の科学衛星は壊れてしまった。

コンスタンティン・ツィオルコフスキー
帝政ロシアの数学教師だったコンスタンティン・ツィオルコフスキー（1857～1935年）は何十年も時代の先を行っていた。人類はいつかロケットで宇宙へ行くと彼は予言し、一種の宇宙ステーションの設計さえしていた。

ロバート・ハッチングス・ゴダード
米国の科学者ロバート・ハッチングス・ゴダード（1882～1945年）は1926年に初の液体燃料ロケットを作った。人間はロケットで月に行けると彼が言ったとき、人々は彼を笑いものにした。しかし、今では近代ロケットの父と呼ばれている。

ウェルナー・フォン・ブラウン
第二次世界大戦のさなか、ドイツ人技術者ウェルナー・フォン・ブラウン（1912～1977年）は長距離ロケット爆弾を設計しヨーロッパ中を震え上がらせた。戦後は米航空宇宙局（NASA）に勤務した。

マウンテンバイク

MOUNTAINBIKE

丈夫な自転車

強くてで軽量のオフロード用マウンテンバイクが登場したのは1970年代だ。競技用自転車とは大違いで、車輪は小さく速度は出せないが、荒れた地形でも操縦しやすい。そのうえ、普通の自転車で使われているリムブレーキではなくディスクブレーキを使用しているため、制動力が強い。

足を踏んばって荒地に乗り出そう。山から猛スピードで駆け下り、野原を駆けめぐるなら、とにかく頑丈な自転車が必要だ。荒地に適したマウンテンバイクは競技用自転車よりはるかに強度が求められるが、そのため一般に重く、反応が鈍く、のろくなる。ところがここに示したものは羽根のように軽い炭素繊維でできていて、無駄なエネルギーを使わずに速度が出せる。分厚いタイヤが地面をしっかりとらえ、前後に付いた強力なサスペンションが振動を和らげてくれる。

主な仕様

重量	11.9kg
変速機	シマノ製27段
サスペンション	前後輪ショックアブソーバー
ブレーキ	前後輪ディスクブレーキ
価格	約40万円

より軽く

このバイクは炭素繊維でできており、従来の鋼製自転車より軽い。炭素繊維は、プラスチックに微細な炭素のより糸を加えて補強した複合材料である。このより糸は、無数の小さな鉛筆のようなものだ。

LOOK INSIDE 分解してみたら

スリムな車体

どんな道にも乗り入れられる自転車を作るためには、科学の力を借りる必要がある。ギアからフレームまで、自転車のほとんどすべての部品に科学の原理を応用し、高速化と乗り心地の改善を両立させている。自転車をこぐのは、かなりの運動になるけれども、最もエネルギー効率のよい移動手段である。自転車の効率はおよそ90％で、これは足でこぐエネルギーのほとんどすべてが、移動のための運動エネルギーに変わるということだ。それとは対照的に、自動車のエネルギー効率は15％しかない。

ショックアブソーバー

座席の背後にあるショックアブソーバーは、乗り心地を滑らかにするものだ。内部のピストンが粘性のある油の中を上下し、段差を越えるときの衝撃エネルギーを吸収する。

タイヤ

マウンテンバイクのタイヤは、でこぼこ道用に作られている。競技用よりも部厚いタイヤが、地面をしっかりとらえる。その材料ケブラーは、丈夫で磨耗しにくい炭素繊維を含んでいる。

トップステー（座席ステー）

後輪サスペンションストラット

後輪ショックアブソーバー

スポーク

チェーンステー

後輪とタイヤ

後輪ディスクブレーキ

ブレーキとギア用のケーブル

ギア

ギアは、まっすぐな道では速度を上げ、上り坂では力を増すように車輪の回転数を変える。チェーンが小さいほうのギアにつながっているときは、後輪が早く回転して速度が上がる。チェーンが大きいほうのギアにつながると、後輪の回転は落ちるが強い力が出せて、上り坂が楽になる。

サドル
後輪ブレーキレバー
前輪ブレーキレバー
ハンドル握り
ハンドルバー調整部
ハンドルバー
シートポスト
トップチューブ（横棒）
前輪ショックアブソーバー
シートチューブ
前輪の位置を固定する前輪フォーク
ペダル
ペダルクランクアーム
ダウンチューブ
タイヤ
前輪を支持する前輪車軸
前輪スプロケット（歯車）
前輪ディスクブレーキ
内部空気チューブ
後輪車軸
チェーン
リム
SCOTT
フレーム
丈夫な三角フレームが乗り手の重量を支え、その重量をほぼ均等に前輪と後輪に対して配分する。
ディスクブレーキ
車輪には小さい孔のあいたブレーキディスクが付いている。ブレーキをかけると、このブレーキディスクにゴム製の板が押し付けられる。
車輪
大きい車輪ほど小さい車輪より速く進む。そのため大きい車輪のほうが速度が出る。スポークは車輪を軽くすると同時に空気力学特性を向上させる。

自転車パワー

シンプルだからいいという。ただし、発明後1世紀たっても依然として自転車の人気が高いのは、シンプルなためだけではない。値段が手ごろで、運転しやすく、乗ること自体が楽しいからだ。しかもランニングコストがゼロで寿命が長く、何十年も使えることさえある。大気を汚さず、どこにでも駐車できるので、都市内の移動にはうってつけだ。

環境にやさしい乗り物

フランスのパリでは、自家用車を車庫に置いて、1万台のレンタル自転車を利用するよう市民に呼びかけている。その利用法は、磁気カードを購入し、750カ所ある自転車置き場から自転車を持ち出して乗るだけだ。最初の2カ月で総利用回数は400万回を記録した。

荷物の配送

自転車は万能の乗り物だ。中国やインドのように、自動車の台数が少ない国では、品物の輸送に自転車を利用する人がまだ多い。先進国でも、小さい荷物なら自転車で交通渋滞を縫って、自動車よりも速く届けることができる。

ハンドサイクル

これは足でペダルをこげない障害者用に設計された自転車だ。運転者は足の代わりに手でギアを回してこぐ。ブレーキやハンドル操作も手で行う。

自転車の歴史

ドライジーネ

初期の自転車の一種であるドライジーネは、別名「ホビーホース」とも呼ばれ、1817年に発明された。人がより速く歩けるように設計され、ギアもチェーンもペダルもなかった。

ペニー・ファージング

ギアが付く以前の自転車は、1870年製のペニー・ファージングのように、速く走るため大きな前輪を持っていた。乗るのは一苦労で、倒れやすかった。

高速用

オリンピック競技に出場する選手は、自分と自転車を一体化して動かそうとする。特製のハンドルは選手の腕を流線型に保つ効果がある。体にぴっちり合った競技スーツと、とがったヘルメットは空気抵抗を最小にする。自転車自体も炭素繊維の複合材料でできている。この材料は金属のように強いが、ずっと軽く、速度が出る。

未来の自転車

未来の自転車はあらゆる面で改良されているだろう。このような空気力学的カバーでスピード性能を向上させ、ギアは自動、タイヤはパンクしない材料でできている。ソーラーパネルを備え、車輪に電気モーターを付ければ、上り坂も楽に登れるだろう。

人力車

リクショーとも呼ばれる人力車は、環境にやさしいタクシーだ。もともとアジアで生まれたが、いまや西欧でも観光用タクシーとして大気汚染防止と混雑解消に役立っている。

ダンロップ自転車

次に大きく進歩したのは1888年、ジョン・ボイド・ダンロップ（1840〜1921年）が空気タイヤを使って快適な自転車を作ったときだった。その形は今の自転車とほとんど同じだ。車輪サイズも似たようなもので、ギアも乗りやすいサドルもあり、ハンドルには安全握りが付いている。

折りたたみ自転車

この奇妙なフレームを伸ばすと10秒間で立派な自転車になる。軽量のアルミとガラス繊維でできており、重さ5.6kgなのでバスや電車でも楽に運べる。

今後の自転車

今後の自転車は電動自転車が主流になるかもしれない。充電式バッテリーと軽量電動モーターを使い48kmまでの距離を時速24kmで移動できる。

燃料電池オートバイ

FUELCELLBIKE

オートバイは小型で、都会の交通渋滞を縫って走れることから、自動車よりも効率が良いように見えるかもしれない。実際には、オートバイが吐き出す汚染物質の量は自動車の16倍にもなる。排ガス浄化装置を備えた自動車に比べ、オートバイは汚れた煙をそのまま空気中にばらまいている。

もしオートバイの動力をガソリンから燃料電池に変えれば状況は一変する。英インテリジェントエナジー社のENV（無公害車）オートバイは、ガソリンエンジンの代わりに電気モーターを搭載している。水素ガスを燃料とし、排出するのは無公害の水蒸気だけだ。

人工のエンジン音

ENVは、もともとはシティホッパーと呼ばれ、現在のオートバイが混雑した市街地で出している騒音と排ガスを低減する目的で設計された。電気モーターは実質的に無音だが、良いことばかりはない。無音で近づくオートバイは、歩行者や他の車両にとって危険だからだ。そこでENVメーカーは安全のため、「ブルン」という人工のエンジン音を出して、人がオートバイの接近に気付くようにしている。

主な仕様

重量	80kg
エンジン	6キロワット、48ボルトの電気モーター
最高速度	時速80km
加速性能	時速0〜80kmが12.1秒
連続運転距離	水素満タンで160km
価格	約60万円

心臓部

ENVにはガソリンタンクがない。あるのはCOREという動力源だ。これはデスクトップ・コンピューターほどの大きさの箱で、燃料電池と水素ガスのタンクが入っている。燃料電池はバッテリーのようなもので、タンクに水素がある限り発電してモーターに電力を供給する。

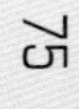

動作の仕組み

ENVはCORE内の燃料電池で動く。燃料電池は、内部タンクの水素と、空気中の酸素を化学反応させて発電する。廃棄物は水蒸気だけで、これなら自然環境に排出しても無害だ。水素燃料タンクを満タンにするには5分とかからない。

未来の燃料

電気モーターを駆動する燃料電池は、現在のエンジンに比べ多くの点ですぐれている。軽く、コンパクトで、騒音もなく汚染物質を出さないので環境にやさしい。しかも、可動部品がないため、信頼性が高く寿命が長い。

ペダルは不要

ENVは、足でこぐ必要がないマウンテンバイクのようなものだ。COREが駆動エネルギーを発生してバッテリーに蓄え、そこからモーターに供給して後輪を動かす。バッテリーがあることで、駆動エネルギーがモーターに安定供給される。

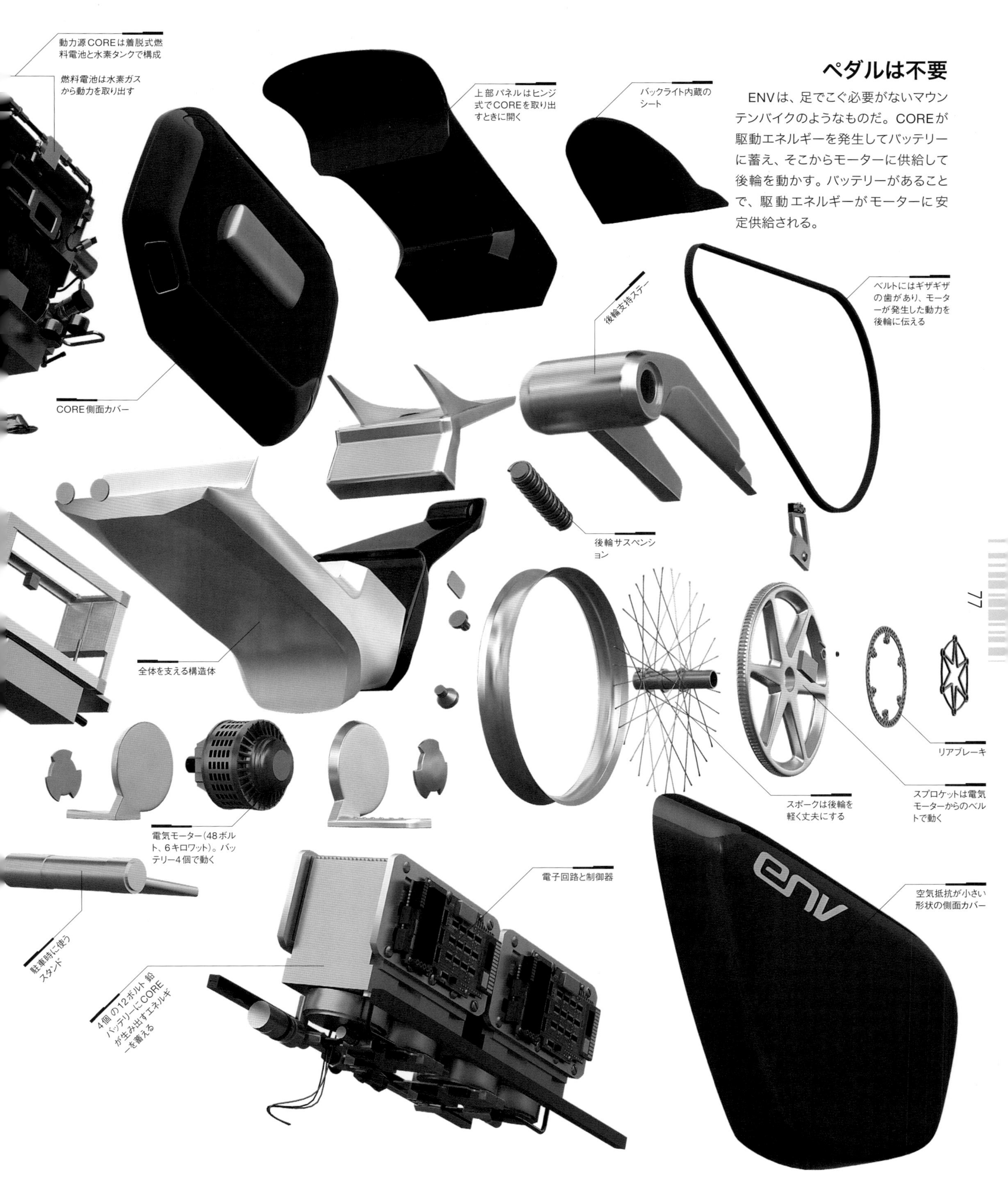

大気の汚染

産業革命以来、大気の汚染が問題にされてきた。石炭が機械の動力源だった18世紀と19世紀の町は、ばい煙で息が詰まりそうだった。現在の工場はそれよりはきれいになったが、6億台を超える自動車によって、地球全体の汚染が進んでいる。特に都市がひどい。

大気の汚染は不快なだけではない。気管支炎、ぜんそくなど肺の病気を悪化させ、樹木を枯らし、建物を劣化させる。電気で走る燃料電池車は、スモッグの解消に貢献する。

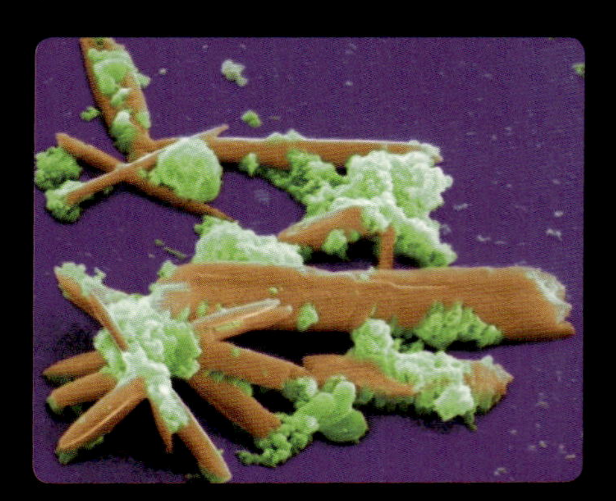

ディーゼルの汚れ

この電子顕微鏡写真は、自動車の排ガス中のすすと不完全燃焼の微粒子を撮ったものだ。ディーゼルエンジンはガソリンエンジンより燃料消費は少ないが、すすの発生量が多い。発生する微粒子はPM10とよばれ、健康被害に大きくかかわっている。

汚染の監視

大気汚染の研究者がLIDRE(光探知測距器)を使って大気にレーザー光を発射する(右)。レーザー光への影響は気体によって異なる。だから空中から反射してきたレーザー光を調べると汚染物質の状況がわかる。

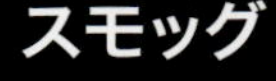

スモッグ

メキシコ市は世界で最も汚染がひどい都市とされている。多くの工場が閉鎖されたが、自動車の排気が2500万人の住民を苦しめている。都市を包む汚れた空気はスモッグと呼ばれる。ばい煙と霧の中間のようなものだ。上空に暖かい空気層があると、これがふたの役目をして、スモッグがいつまでも残って被害を広げる。

動力の歴史

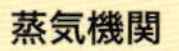

火の利用

エンジン内部の燃焼も、基本的には火の利用だ。100〜200万年前に、私たちの祖先は火の扱い方を会得した。完全な燃焼法はいまだになく、火は必ず何がしかの汚染物質を生む。

蒸気機関

蒸気機関は18世紀はじめに開発された。しかし、燃料の石炭は大量の煤煙を吐き出した。石炭は産業の原動力になったが、都市の汚染もひどかった。

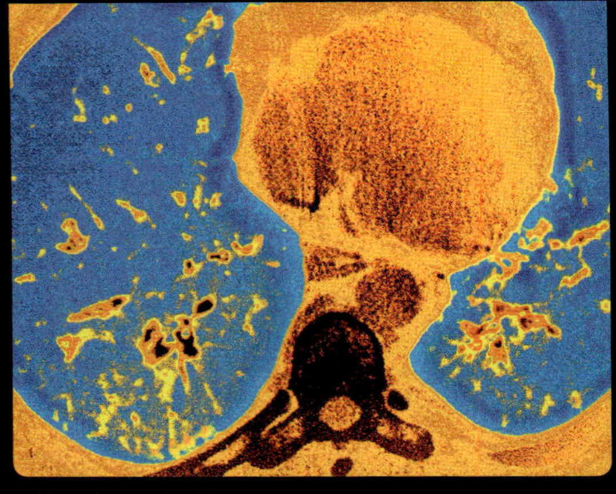

呼吸に悪影響

この肺のスキャン画像は、ばい煙や大気汚染が気管支炎の原因になることを示している。この患者の肺（両側の青い部分）は炎症を起こし粘液（茶色）で満たされている。呼吸は浅くなり数カ月、場合によっては1年以上も呼吸困難の状態が続く。

表面の磨耗

工場や発電所の排煙が混じった雨は、通常の1000倍も酸性が強い。酸性雨と呼ばれるこうした雨は、森を枯らし、湖を魚もすめない毒の水たまりに変える。石像の表面もすり減ってしまう。

ガソリンエンジン

ガソリンエンジンが発明されたのは19世紀の半ばだった。その排気は蒸気機関に比べるとはるかにきれいだが、世界中に何億台とあるため、全体として大量の汚染物質を生み出している。

ジェットエンジン

飛行機の離陸には、ジェットエンジンが大量の燃料を短時間で燃やす必要がある。地上ではそれほどの汚染源にならないが、その排ガスは地球の大気圏を汚し、地球温暖化を促進する。

電気モーター

電気モーターは未来のクリーンなエンジンだ。もし、太陽光、風力などのクリーンなエネルギー源から作られた電気で動かすならば、完全に無公害なエンジンだと言える。

未来のホバーバイク

FUTURE**HOVER**BIKE

　交通渋滞に巻き込まれると誰でもうんざりする。しかし、自動車の台数が増え、道路の容量が増えなければ、これからもっと頻繁に渋滞が起こるだろう。もし空中を使うことができれば、話は違ってくる。将来はオートバイや車の代わりに、小さなジェットエンジン付きのホバーバイクに乗り、渋滞にあえぐ道路をはるか眼下にながめることができるかもしれない。

ハンドルバーによってコンピューターを制御し、コンピューターは常に飛行の安定を保つ

前部ファンは飛行中の車体を安定させるように動く

ステレオシステム

空中静止の技

　鳥は見事に設計された飛行体だ。風と上昇気流を利用して空中を行きかう。とりわけハチドリには特技がある。翼を毎秒50回も羽ばたかせて空中に静止できるのだ。さらにヘリコプターと同じように翼の角度やピッチを変えて、あらゆる方向に飛べる。

軽量エンジン

ホバーバイク実現の鍵となるのは、両側面に付いた2台のロータリーエンジンだ。これは小型ながら強力で、ジェット機のエンジンと違って、どちらの方向にも回転させることができる。後方を向けば飛行機のように前進できる。下向きにすると垂直に離着陸することができ、滑走路は不要だ。またヘリコプターのように空中に静止することもできる。可動部品が少ないのでエンジンは軽く簡素で、車体重量への負担が少ない。

ソーラーパネルは太陽光のエネルギーを電気に変える。もし、サハラ砂漠の1％をソーラーパネルで覆えば、全世界に供給するのに十分な電力が生まれる。

生活を支える家電製品

電気の秘密

　宇宙船から夜の地球を見おろしたと仮定しよう。点々ときらめく小さな光は都市の営みを映している。点の一つにズームインすると、それは何千、いや何百万の家々からもれる光だということがわかる。その一軒の屋根を取り除くと、家中にすごい機械があふれているのが見えるだろう。どの機械をとっても、先人が長い努力の末に見いだした知恵が生かされ、私たちの生活を楽にする素晴らしい力を備えている。

　エスプレッソマシンのような単純な機械がどうやってコーヒー豆の香ばしさを最後の一滴まで引き出せるのか、電子レンジがどうやって自分自身は冷たいまま、料理だけを温められるのか、不思議に思ったことはないだろうか。それを知る方法がたった一つある。機械の中をのぞいて見ることだ。

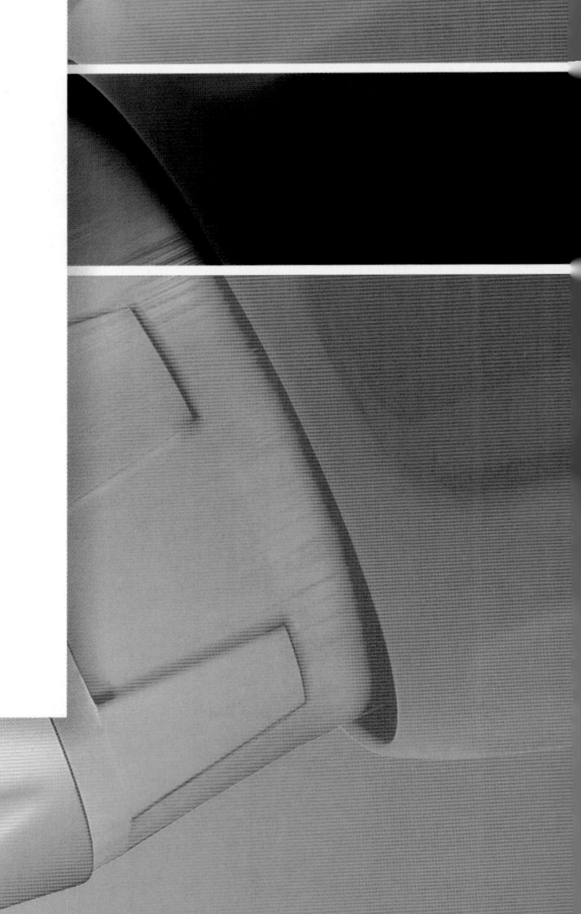

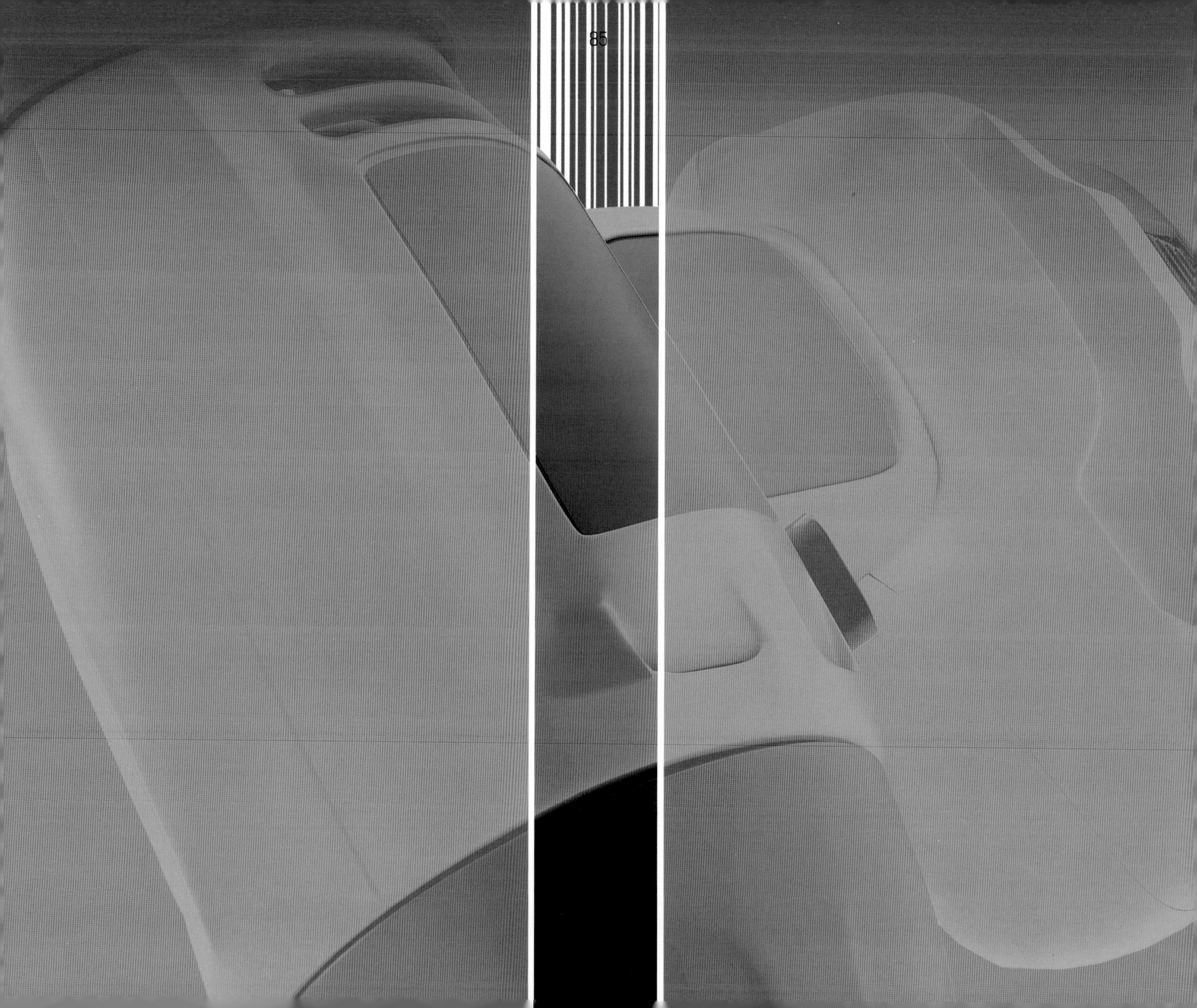

ウインドファーム

大規模な石炭火力発電所や原子力発電所は100万キロワット（1キロワットは1000ワット）の電気を作り出す。これは100万台のトースターを同時に動かせる電力だ。風力で同じ電力を発電するには風車が1000基必要になる。だから風車は1カ所にたくさんまとめて建てられる。そのためウインドファーム（集合型風力発電所）と呼ばれる。

風力発電機

VESTAS WINDTURBINE

風のエネルギーを取り出す風車の姿は優雅で、景観に花を添えている。現在私たちが依存している石油と天然ガスは、あと数十年で使い尽くされる可能性が高い。その代役としても風力発電への期待は大きい。石炭は豊富にあるが燃やすと大気汚染がひどいし、原子力は危険な廃棄物を出す。地球上を吹きわたる風をとらえて、必要な全エネルギーの10～20%を供給できるようになるのは、そう先ではないだろう。そよ風を受けてゆっくり回る風車は、1基で1000戸に供給するのに十分な電力を生み出す。何より汚染物質を出さないし、地球温暖化の防止にも役に立つ。

風車はなぜ高い？

風速は地表より高い所のほうが大きい。風車の高さを2倍にすると、発電量は3割以上増える。

主な仕様

タワーの高さ	80～105m
回転翼直径	最大90m
許容最大風速	毎秒25m
翼の材質	ガラス繊維と炭素繊維
タービン重量	110トン
タワー重量	175トン（高さ80m）～275トン（高さ105m）
出力	最大3000キロワット

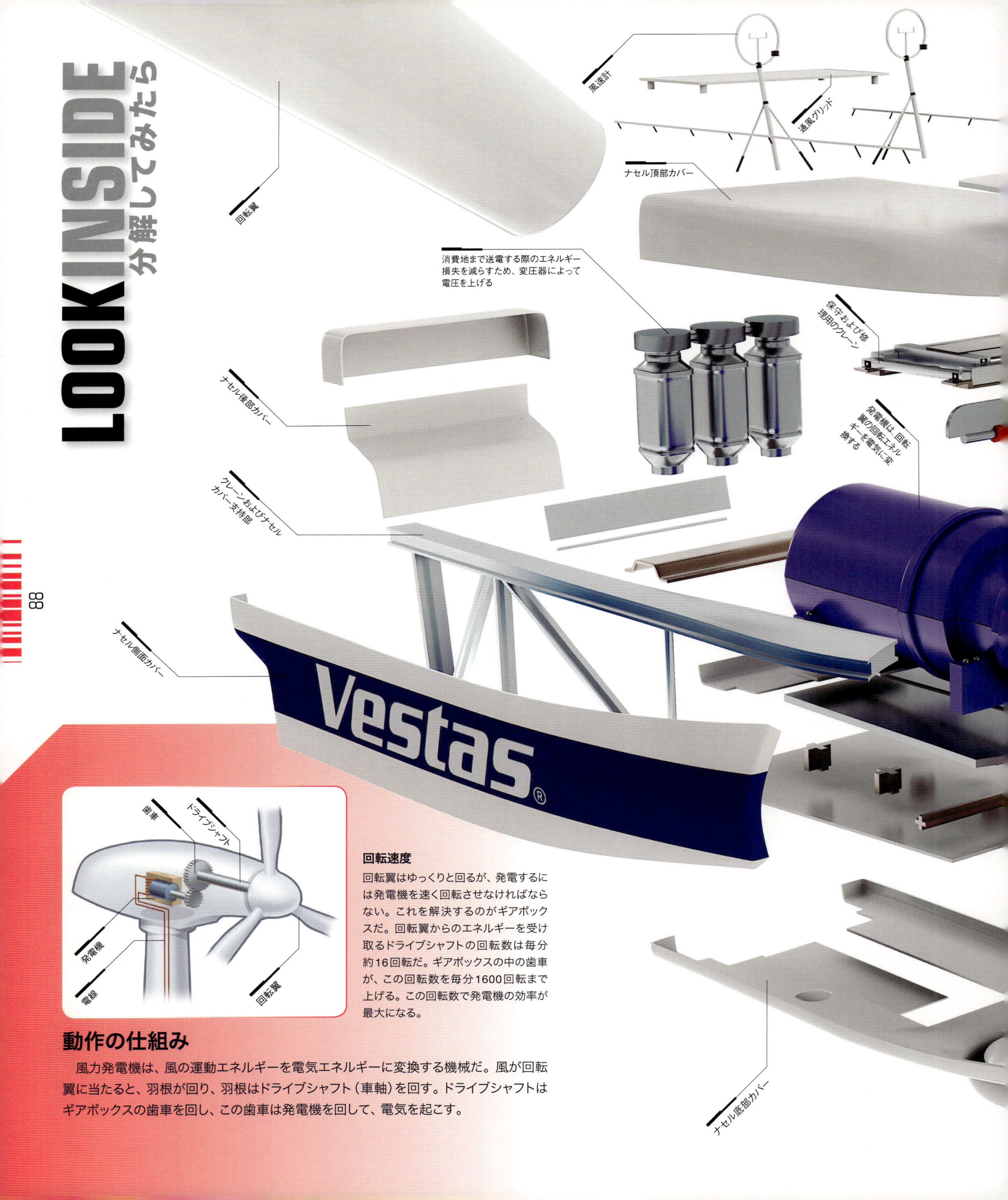

回転速度

回転翼はゆっくりと回るが、発電するには発電機を速く回転させなければならない。これを解決するのがギアボックスだ。回転翼からのエネルギーを受け取るドライブシャフトの回転数は毎分約16回転だ。ギアボックスの中の歯車が、この回転数を毎分1600回転まで上げる。この回転数で発電機の効率が最大になる。

動作の仕組み

風力発電機は、風の運動エネルギーを電気エネルギーに変換する機械だ。風が回転翼に当たると、羽根が回り、羽根はドライブシャフト（車軸）を回す。ドライブシャフトはギアボックスの歯車を回し、この歯車は発電機を回して、電気を起こす。

力を合わせて発電

風力発電機は、三つの主な構成要素からできている。発電機を支えるタワー、回転翼、そしてナセル（流線型のケース）に組み込まれた発電機だ。これらが協調して動作することにより、出力が最大になる。ナセルは塔頂で回転して風の来る方向に向く。さらに翼のピッチ（角度）を変えて、できるだけ効率よく風のエネルギーを受けるようにしている。

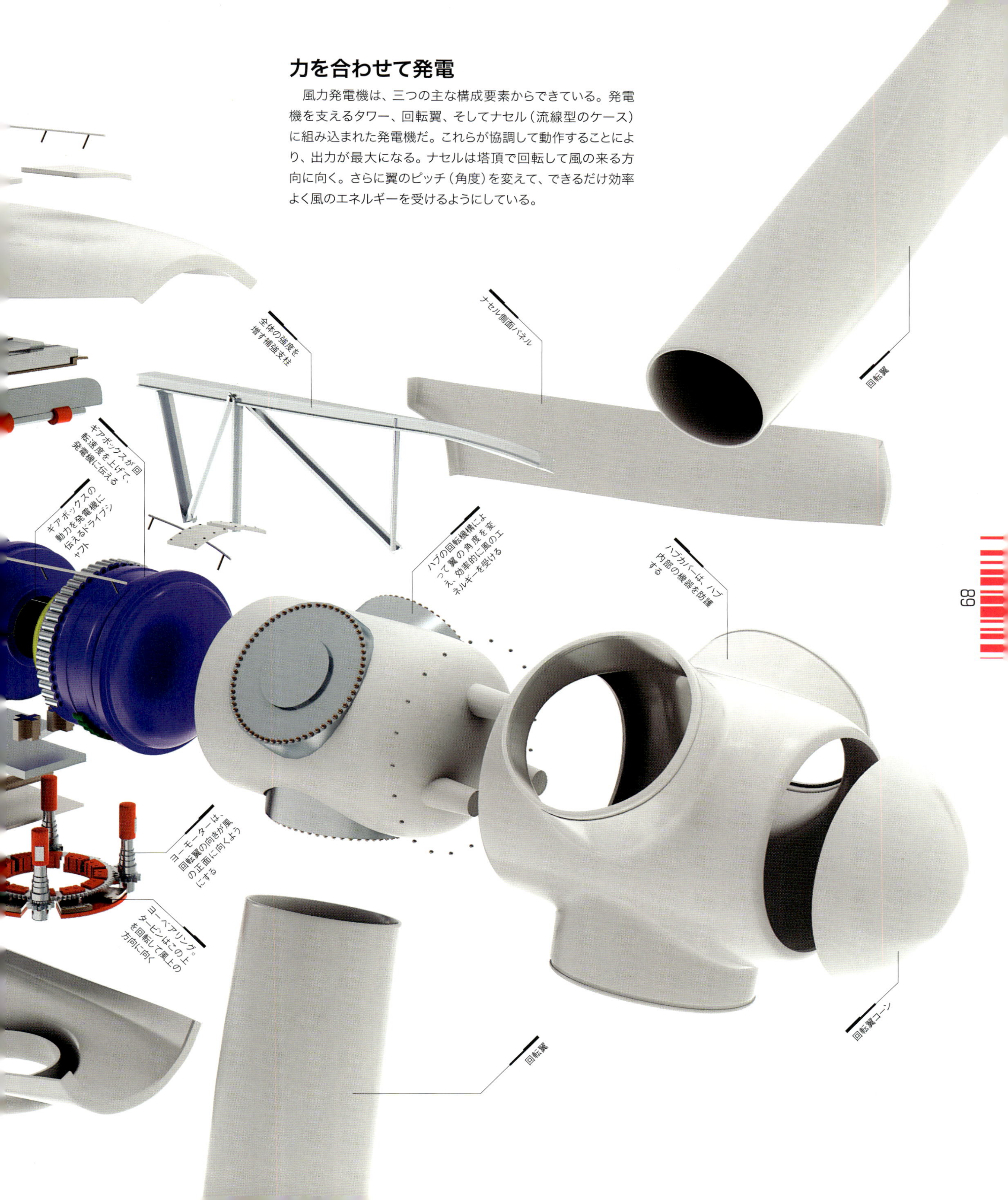

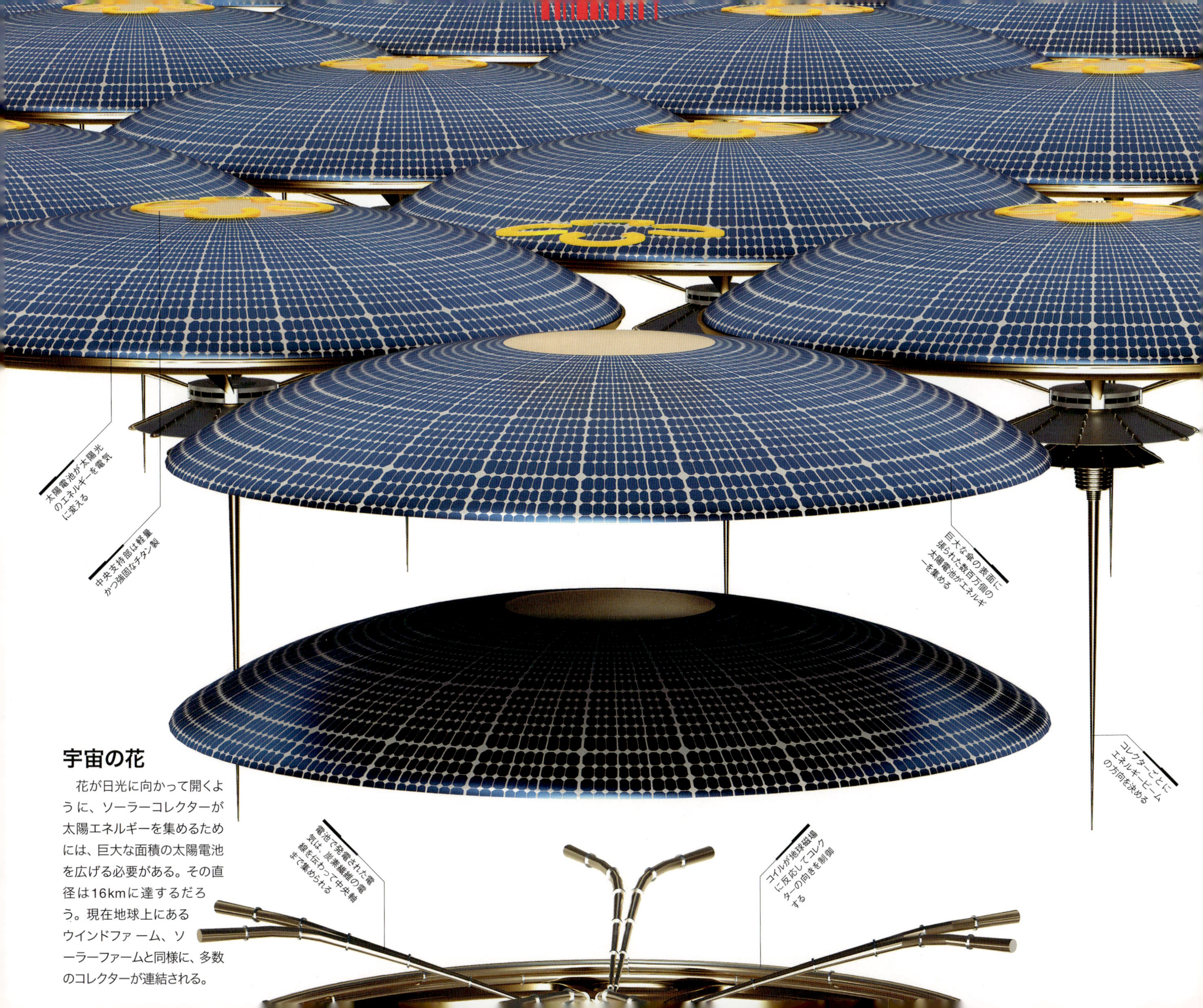

宇宙の花

花が日光に向かって開くように、ソーラーコレクターが太陽エネルギーを集めるためには、巨大な面積の太陽電池を広げる必要がある。その直径は16kmに達するだろう。現在地球上にあるウインドファーム、ソーラーファームと同様に、多数のコレクターが連結される。

宇宙発電所

FUTUREPOWER

地球上のエネルギー資源が減っていくにつれ、エネルギー源を宇宙に求める必要が出てくるだろう。今でも私たちが利用しているエネルギーのほとんどは太陽から来ている。宇宙に発電所を造ればもっと効率的に太陽エネルギーを利用できる。宇宙で発電された電気は、巨大なメーザー（マイクロ波のレーザー）で地上の受電設備に送電される。そこからは現在と同様に送電線を使って配電されるだろう。

宇宙エレベーター

宇宙発電所を建設するには、地表から3万6000km離れた静止衛星の軌道に多数の機器を運ばなければならない。それは壮大な工事だが、すでにその解決策が提案されている。それは宇宙エレベーターだ。モーター仕掛けの昇降装置が強力なケーブルを伝って昇降して、地球と宇宙の間を定期的に行き来する。

食器洗い機

DISHWASHER

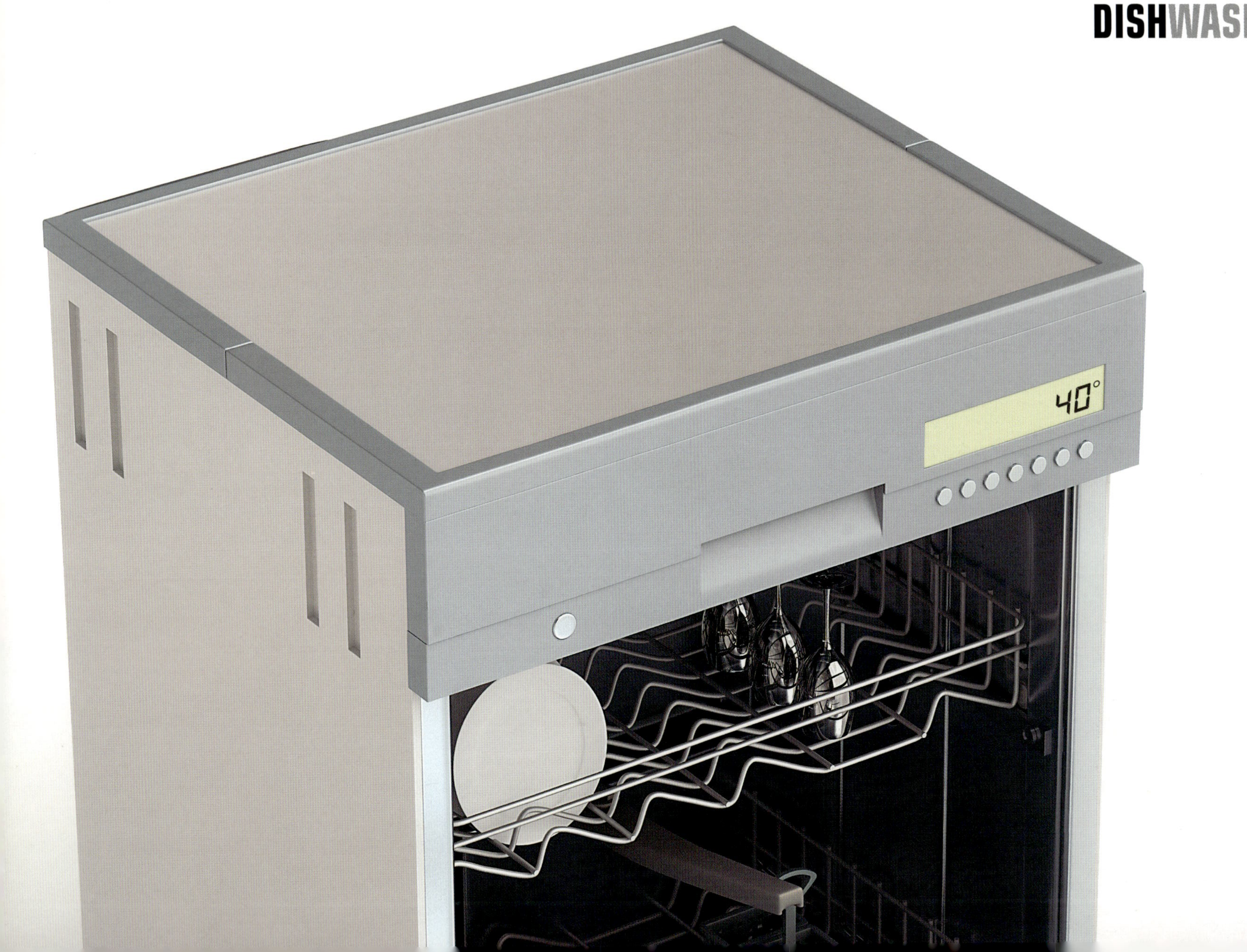

皿36枚、コーヒーカップと受け皿12組、ガラスのコップ12客、ナイフとフォーク60本を29分間できれいに洗えるだろうか。あなたには無理かもしれないが、この食器洗い機ならできる。しかもこの機械はかなり賢い。光を当てて、どれくらいの量の食器があるかを測り、それに必要な最小限の水と洗剤を使い、エネルギーを節約するのだから。

業務用の食器洗い機

一部のホテルやレストランでは、まだ人手で皿を洗っているが、ほとんどが食器洗い機を使っている。その多くは家庭用を大きくしたタイプだが、最も大きな機械はベルトコンベアを使い、1時間に5000枚も洗うことができる。

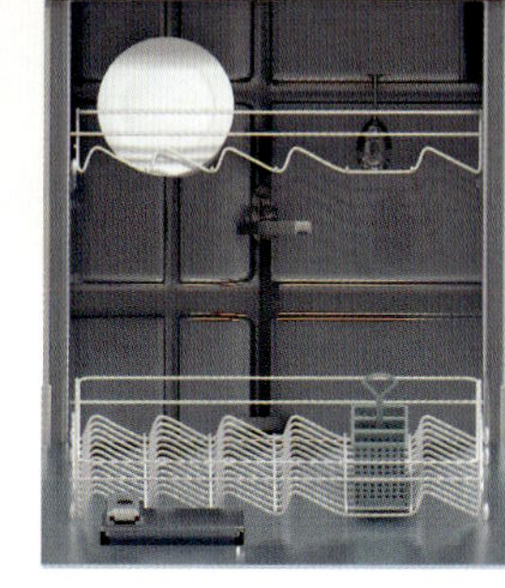

ステンレス製

食器洗い機の内部にはステンレスが使われている。ステンレスは鋼とクロムの合金で、さびにくく汚れにくい。熱湯や強力な洗剤に長期間さらされても腐食しない長所を生かしている。

主な仕様

寸法	81cm×60cm×55cm
容量	食器12人分
使用水量	約12リットル
消費電力	約1キロワット
最短所要時間	29分

LOOK INSIDE
分解してみたら

循環する熱湯

食器洗い機の心臓部は、タブという密閉構造の箱である。箱の底部にあるポンプで熱湯を循環させる。ポンプはタブの底から熱湯を吸い上げ、回転する噴射アームから汚れた皿に吹き付ける。

食器用洗剤の威力

食器洗い機にとって洗剤は、機械に負けず劣らず重要な役割を果たしている。そのせっけん成分は食べ残しに付着し、分解しやすくする。すすぎ段階では、洗剤と食べかすは水と一緒に流されて、皿はきれいになる。

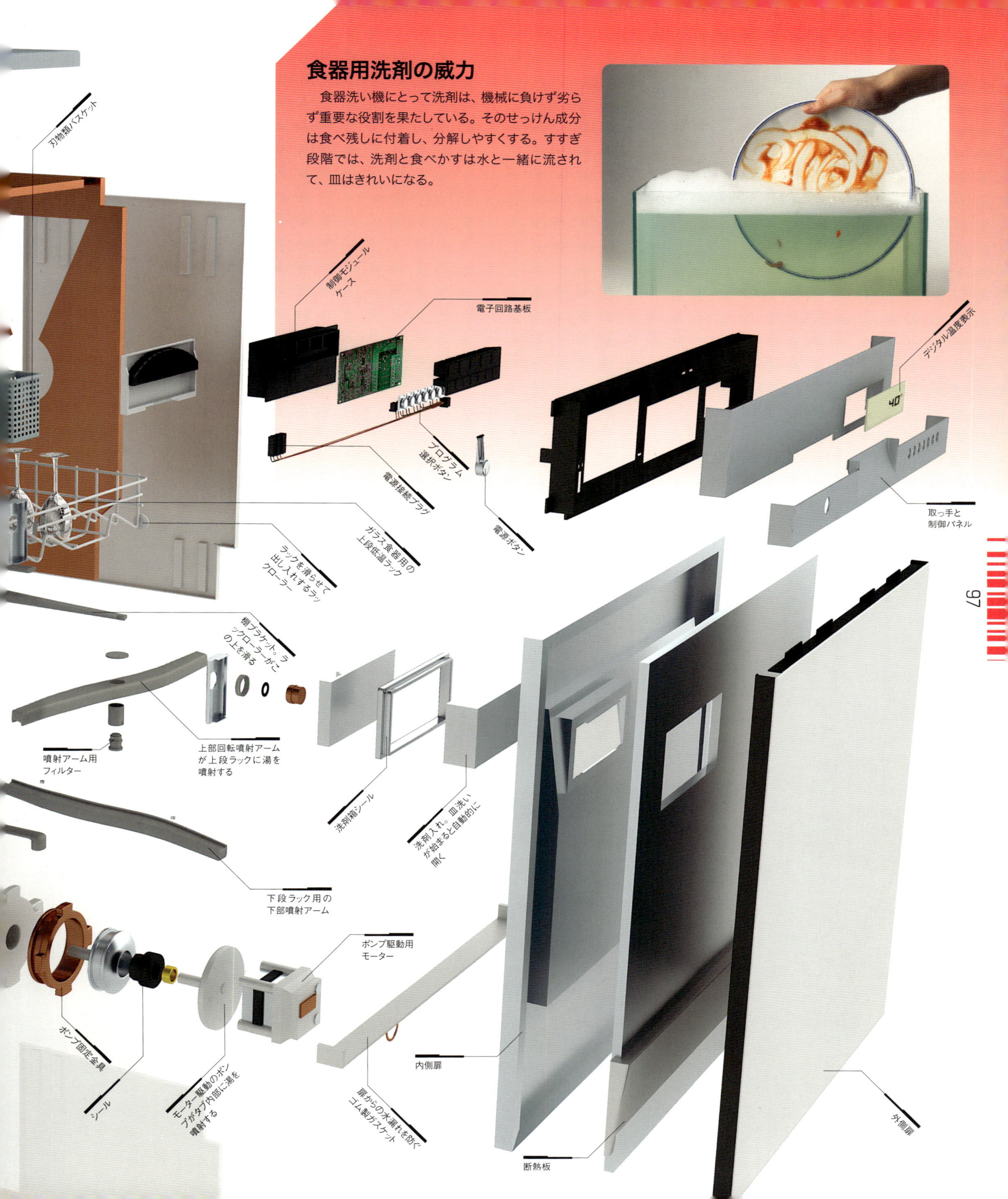

いつもピカピカ

人は一生で平均8万回以上食事をする。そのたびに汚す皿の量は、大変なものだ。皿を洗うのに一日20分かかるとしても、人生の1年分は流しの前から離れられないことになる。だから多くの人が食器洗い機を使おうとするのは当然だろう。食器洗い機は、熱いお湯と強力な洗剤を使えるため、手洗いより殺菌力が強い。しかも皿を乾かせる。普通に使えば、実は食器洗い機のほうが環境にもよい。

皿の汚れ

下の写真は、台所のスポンジタワシに潜む細菌を電子顕微鏡で1000倍に拡大した画像だ。1日使っただけで、スポンジには10億個以上の細菌が繁殖する。

エネルギーの節約

食器洗い機のほうが、手洗いよりも水と電気を無駄にすると考えやすい。しかし実際には、使用水量は手洗いの4分の1であり、エネルギーの節約にもなる。

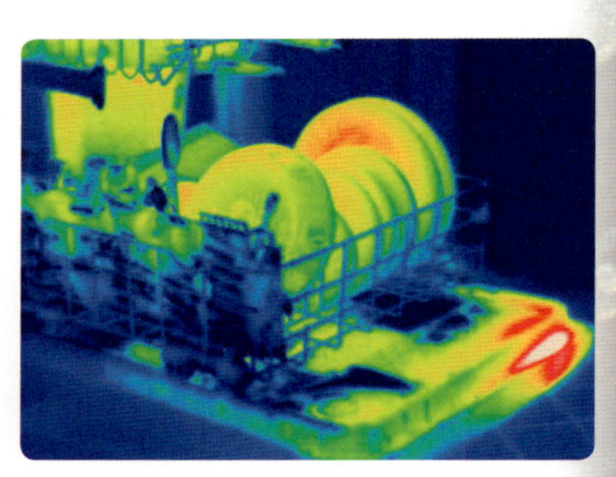

高温で消毒

最近の食器洗い機は、手洗いの熱湯より20°Cほど高い60～65°Cで洗浄する。このため、手洗いに比べ、汚れた皿に付いた細菌を400倍の効率で除去することができる。

初期の食器洗い機

アメリカ社交界で名を馳せたジョセフィン・コクラン（1839～1913年）が1886年に食器洗い機を発明した。彼女の召使たちが食器を洗うときに割ることが多かったため、その対策を考えたのがきっかけだ。彼女が発明した機械は、皿をカゴに積み、水を噴射して洗った。この1947年製の機械（左）は衣類も洗うことができた。

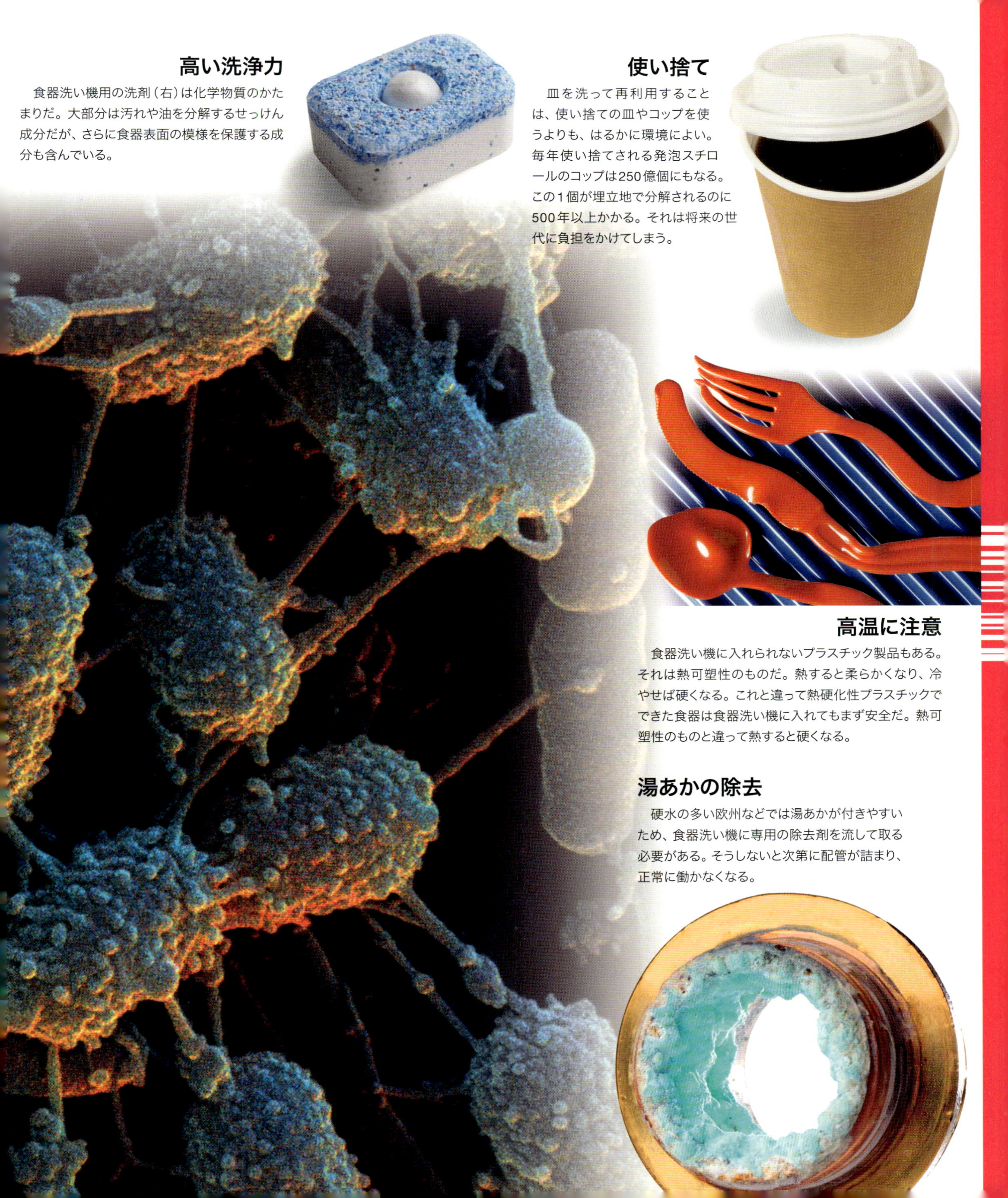

高い洗浄力

食器洗い機用の洗剤（右）は化学物質のかたまりだ。大部分は汚れや油を分解するせっけん成分だが、さらに食器表面の模様を保護する成分も含んでいる。

使い捨て

皿を洗って再利用することは、使い捨ての皿やコップを使うよりも、はるかに環境によい。毎年使い捨てされる発泡スチロールのコップは250億個にもなる。この1個が埋立地で分解されるのに500年以上かかる。それは将来の世代に負担をかけてしまう。

高温に注意

食器洗い機に入れられないプラスチック製品もある。それは熱可塑性のものだ。熱すると柔らかくなり、冷やせば硬くなる。これと違って熱硬化性プラスチックでできた食器は食器洗い機に入れてもまず安全だ。熱可塑性のものと違って熱すると硬くなる。

湯あかの除去

硬水の多い欧州などでは湯あかが付きやすいため、食器洗い機に専用の除去剤を流して取る必要がある。そうしないと次第に配管が詰まり、正常に働かなくなる。

全自動洗濯機 WASHINGMACHINE

世界には淡水がわずかしか得られない地域がたくさんある。いずれ、水をめぐる紛争が必ず起こると予想する人もいる。それでも多くの人が毎日400リットル相当の水を消費している。何重もの節水機能を備えた「賢い」洗濯機なら水の消費量を減らせるだろう。すすぎの最中に目に見えない赤外線でせっけんの残存量を測り、必要最小限の水だけを使って洗い流す。

高速回転

昔の洗濯機では、洗濯物はびしょびしょに濡れたままだった。今の洗濯機は、洗濯物を超高速で回転させて残った水を吹き飛ばす。この機種は最高で毎分1400回転する。これを時速に換算すると毎時130kmだ。

主な仕様

寸法	84cm×60cm×59cm
洗濯容量	7kg
回転速度	最高毎分1400回転
水消費量	49リットル
洗濯コース数	15種類

見やすい表示

この洗濯機は、見やすい電子式表示によって利便性を向上させている。今何をしているかは、アイコンにより一目でわかるし、洗濯が終わるまでの時間もタイマーでわかる。

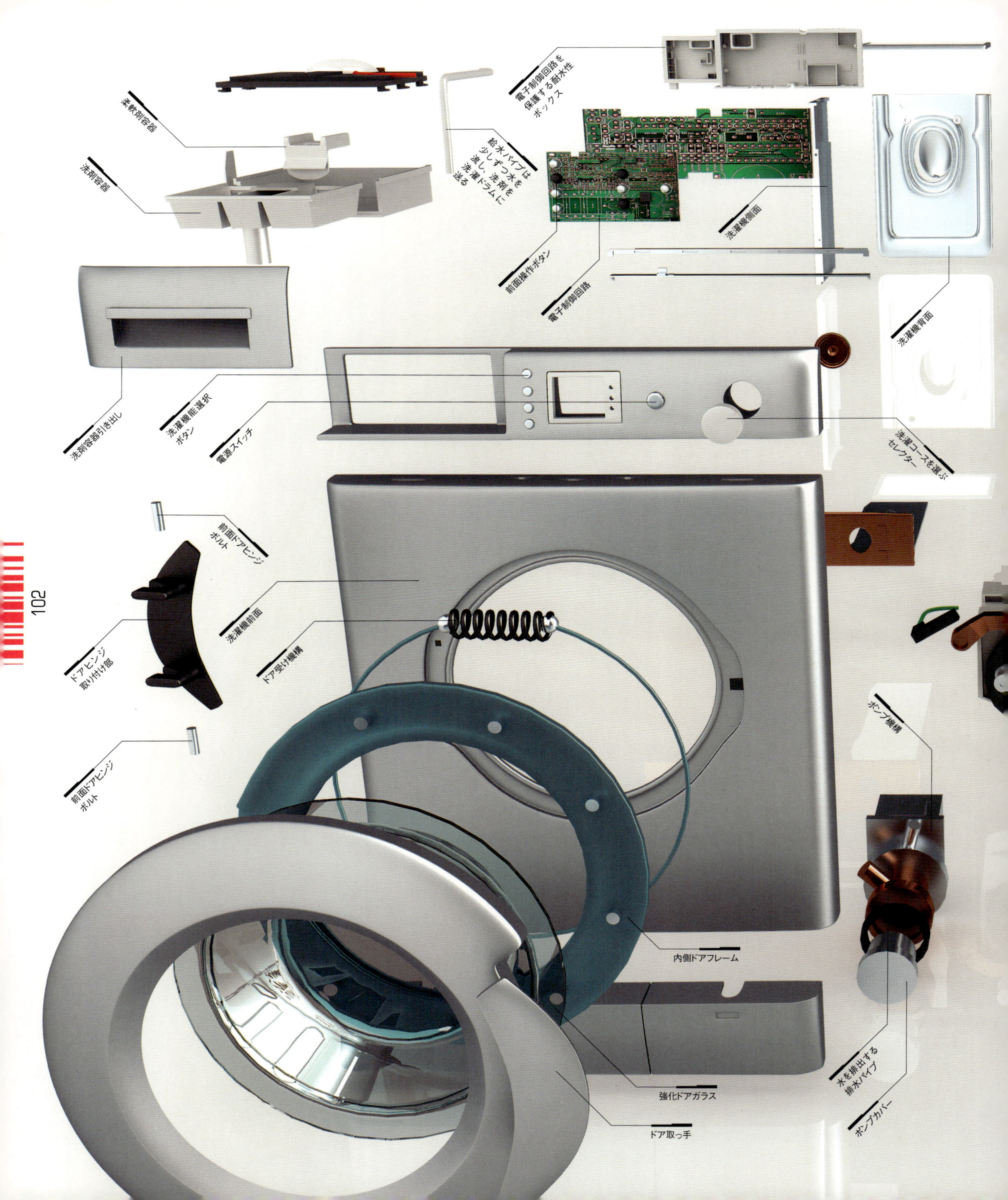
柔軟剤容器
洗剤容器
給水パイプは少しずつ水を流し、洗剤を洗濯ドラムに送る
電子制御回路を保護する耐水性ボックス
洗濯機側面
前面操作ボタン
電子制御回路
洗濯機背面
洗剤容器引き出し
洗濯機能選択ボタン
電源スイッチ
洗濯コースを選ぶセレクター
前面ドアヒンジボルト
洗濯機前面
ドアヒンジ取り付け部
ドア受け機構
前面ドアヒンジボルト
ポンプ機構
内側ドアフレーム
強化ドアガラス
ドア取っ手
水を排出する排水パイプ
ポンプカバー

LOOKINSIDE
分解してみたら

動作の仕組み

バイオ合成洗剤は微小な粒状で、水中で分解して何種類かの酵素、すなわち化学反応を促進する物質を出す。プロテアーゼ、アミラーゼ、リパーゼなどだ。これらの酵素が一緒に作用していろいろな汚れや油を落とす。プロテアーゼはタンパク質を、アミラーゼはデンプンを、リパーゼは脂肪や油を落とす役割がある。

二重ドラム

洗濯機のドラムは内側と外側の二重になっている。洗濯物は内側のドラムに入れる。水を注ぐと外側のドラムに満たされ、ヒーターで適温まで温められる。外側ドラムの中で内側ドラムが行ったり来たりと反転し、洗濯物を洗う。

世界をきれいに

洗濯は本当に面倒だ。200年以上もこの課題を解決すべく発明が試みられてきた。最初の画期的な発明は1797年の洗濯板だった。ぎざぎざのついた木の板に洗濯物を広げ、せっけんでこすってきれいする。技術はそれから大きく発展した。最新の洗濯機はコンピューター制御で環境にもやさしい。今までよりも低温で洗濯するが、汚れはずっとよく落ち、乾きもよい。

昔の洗濯機

1920年代には、この写真のような電気洗濯機が普及していた。金属ドラムに洗濯物を入れると、ドラム内のパドルが回転し、洗濯物はせっけん水の中でくるくる回る。洗濯が終わると、上部にあるローラーに洗濯物を通して水気を絞る。

合成洗剤

強力な合成洗剤は衣類の汚れをきれいに落とすが、これは化学物質の混合物であり、下水に放流すると環境に害を及ぼす。洗剤中のリン酸塩は、硬水を軟水にするもので、これが川や海に流れ出すと化学肥料のような作用をして、藻を大量に発生させ、さらに魚を窒息させる。洗剤に含まれる香料や蛍光剤も、魚など海の生き物に有毒だ。今ではこうした有害な成分を含まない、環境にやさしい合成洗剤も出てきた。

水と電気が届かない村

きれいな水と電気がどこにもあると思ってはいけない。世界中で何十億人という人々がどちらの恩恵も受けていないのだ。下はインド、タージマハル近郊のヤムナ川で洗濯する人々。この川は安全と考えられるレベルの3000倍も汚染されている。

入念な出荷検査

水は電気を通す。このため、洗濯機の電気回路と水が接触して、誤動作したり感電することがないように、念入りに検査しなければならない。完成品の外側から水を浴びせて確認する。

上入れ方式

洗濯機の様式は国によって違う。欧州ではドラムが回って洗濯物が宙返りする前入れ方式が好まれる。米国やアジアでは上入れ方式（上）のほうが一般的だ。洗濯物を上から入れると、ドラムは動かず、底部の羽根が水と衣類をかき混ぜる。

リサイクルしよう

使い古しの洗濯機はたいてい埋立地に捨てられる。だがそれらは容易にリサイクルできるのだ。1台の約半分は鋼として価値があり、そのほかにアルミ、銅、プラスチック複合材などの重要な材料が含まれている。

コインランドリー

都市の住民は、洗濯物をコインランドリーへ持ち込むことが多い。セルフサービスでコインを入れて機械を使う。コインランドリーは、たまに洗濯するなら経済的だが、長く使い続けると結局は高くつく。

固定クリップ
ふたと外部ケース。自動浄化プラスチックでできている
洗濯物を入れるプラスチック製ドラム
汚れを落とす超音波をドラム内に放射する超音波スピーカー
空気パイプが新鮮な空気をドラムに吹き込み、洗濯物をさわやかにする
制御パネル
内部ドラムの位置を保つリング
装置を支える台座

超音波洗濯機

FUTURESONICWASHER

きれいに洗濯された衣服を着るのは気持ちがいいものだ。とはいえ洗濯と乾燥は面倒な仕事だ。将来は、洗濯機の原理も違ったものになるだろう。せっけんと水の代わりに超音波と静電気を使うのだ。汚れたジーンズをきれいにするのに1分とかからないし、乾かす必要もない。

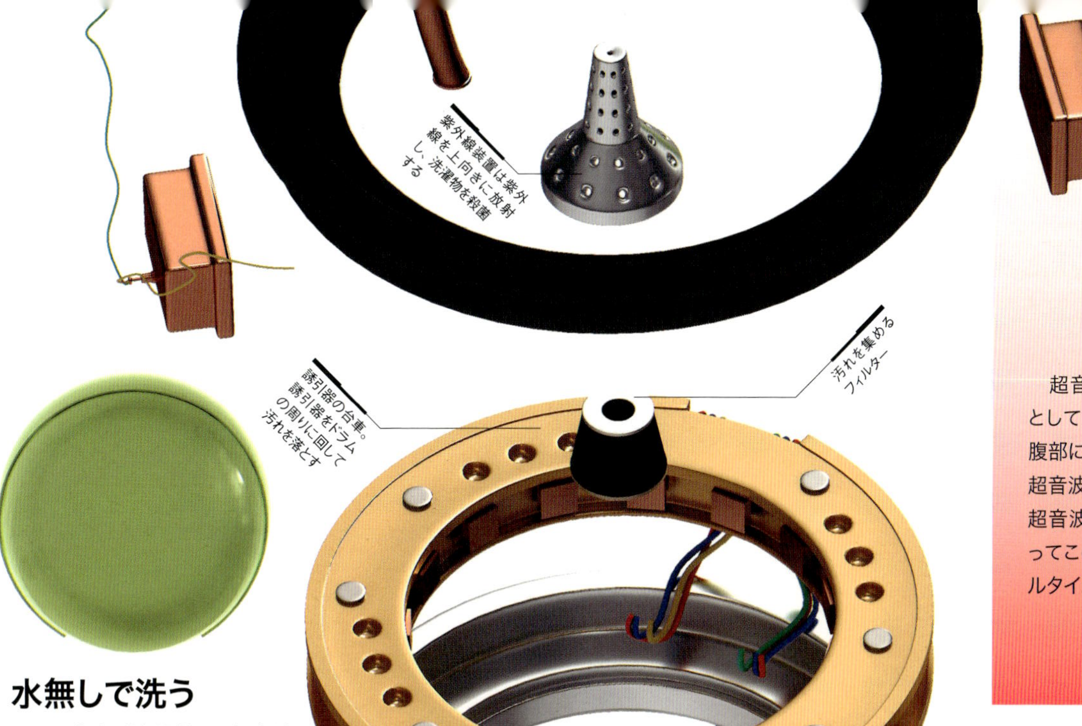

水無しで洗う

この未来型洗濯機は、超音波を洗濯物にあてて、汚れを振動で分離する。同時にドラム外側の静電誘引器がその汚れを引き付ける。静電誘引器はドラムの外周を回りながら衣服の汚れを取り除く。汚れは機械底部のトカートリッジに集められる。

超音波の子守唄

超音波画像は、胎児の診断法としてよく知られている。母親の腹部にあてたプローブから子宮に超音波を送り込む。反射してきた超音波から、コンピューターを使ってこのような3次元画像をリアルタイムに描く。

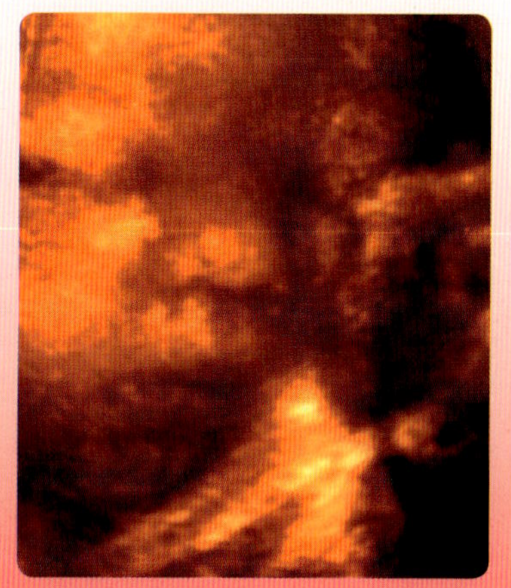

電子レンジ

MICROWAVE OVEN

食品にエネルギーの波を浴びせて、またたく間に加熱する装置といえば、何だかSFの世界のようだが、多分あなたの台所の片隅にも鎮座しているはずだ。電子レンジがうなりを発していれば、それは強力な電磁波を料理に対して照射している最中だ。電子レンジは従来のオーブンに比べて6倍も速く食品を加熱できる。

偶然の発明

米国の技術者パーシー・スペンサー（1894～1970年）は、ある日航空レーダーで実験をしていた。レーダーの電磁波がそれて、ポケットのチョコレートバーを溶かしたのを見て、スペンサーは食品を加熱する新しい方法に気がついた。

加熱の速さ

電子レンジは、固形食品よりもスープのような液体のほうが短時間で加熱できる。液体は全体がマイクロ波を素早く吸収するからだ。大きな固形物の場合は、マイクロ波は外側しか加熱しない。食品の中央は熱が伝わっていくにしたがいゆっくり温まる。それには時間がかかるので、固形食品を加熱したら、レンジから取り出してもしばらくそのままにしておくことが大切だ。

主な仕様

標準寸法	26cm×49.5cm×31.5cm
出力	800ワット
材質	ふき掃除できる ステンレス製内壁
選択コース数	加熱調理3種類、温め3種類

LOOK INSIDE
分解してみたら

動作の仕組み

マグネトロンと呼ばれる真空管がマイクロ波を発生し、加熱庫内に放射する。マイクロ波は加熱庫内部の金属壁で反射を繰り返しながら食品の内部に浸透する。食品がマイクロ波を吸収すると、食品に含まれる水の分子が振動し、これによって食品の温度が上がる。

機械は冷たいまま

このサーモグラフィーがマイクロ波の効率性を裏付ける。エネルギーのほとんどが食品の加熱に使われ、オーブン自体を温めるような無駄はしない。最も温度が高いのがうつわとその中の食品（赤と白色部分）で、加熱庫内はそれより低温（オレンジ）だ。外側は手で触れられる温度（青と緑色）であることがわかる。

マイクロ波を逃がさない

マイクロ波は人体に有害な場合があるので、外部にもれないように封じ込めなければならない。掃除しやすい外部ケースの内側には、加熱庫という金属の箱がある。箱に開けられた穴は蒸気を逃がすことができるが、マイクロ波は通さない。扉にも金網状の裏張りがあり、マイクロ波を内側に閉じ込めると同時に、内部をのぞけるようになっている。

エネルギーの波

私たちは、世界について何でも知っていると思いがちだ。確かに目に見えるものは、そうかもしれない。だが、私たちの目には見えない、まったく違う世界もあるのだ。私たちに見えるのは、物体が反射した光だ。しかし、光は私たちの周囲を飛び回る電磁波のほんの一部に過ぎない。もし、光以外の電磁波も感知することができたなら、ラジオやテレビの電波が頭上を往来し、電話の信号が空中を飛び、マイクロ波がレンジ内でめまぐるしく行き交う光景が見えるだろう。もちろん実際には見えないが、それが存在することは知っている。そして、さまざまな形で利用している。

即時通話

電話中継用の無線タワーに付いたたくさんのパラボラアンテナ（左）は、他の都市のタワーとの間で、マイクロ波を使って電話信号を送受信している。このタワーが高いのは、他のタワーを見通せる範囲にアンテナを設置するためだ。

ミサイル探知レーダー

このゴルフボールのような球体（右）はミサイル探知レーダーの格納施設で、1960年代に英ヨークシャー州のフィリングデールに造られたものだ。グリーンランドやアラスカにある同様の基地と連携して、マイクロ波を使い全天をスキャンする。球体の直径は26mで、5000kmかなたのミサイルを発見できた。これらの球体は1990年代初期に解体された。

ビッグバン

この天球写真は、マイクロ波帯の宇宙像を「見る」ことができるCOBE（宇宙背景放射探査）衛星が撮ったものだ。色の違いは温度が異なることを表している（ピンク色が最も高温で、青が最も低い）。宇宙は、140億年前のビッグバンと呼ばれる大爆発によって誕生した。この温度分布図のおかげで、宇宙生成の過程を詳しく知ることができるようになった。

電磁波のスペクトル

光、エックス線（X線）、電波、マイクロ波。これらはすべて電磁エネルギーの一種だ。どれも電気と磁気が相互に影響しあう電磁波として光速で伝わる。しかし、その波長はさまざまで、持っているエネルギー量にも違いがある。波長はガンマ線が最も短く、電波が最も長い。

ガンマ線
放射性元素が出す、波長の短い高エネルギー波である。

エックス線（X線）
透過性が強く医療に役立っている。

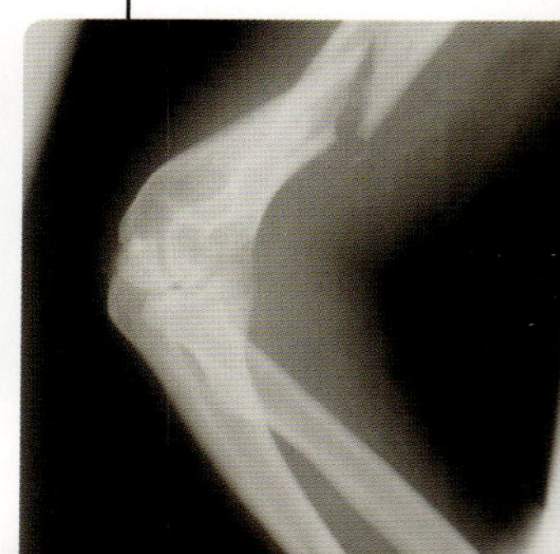

研究の手段

マイクロ波を使った研究分野は数多くある。この衛星写真は地球の大気圏に存在する水蒸気（気体）の量を示したものだ。青色が濃い区域はその量が多く、薄いところは少ない。こうした研究は、地球上の水循環の仕組みを理解するのに役立つ。

竜巻の追跡

このような観測トラック（下）は、気象予報士が竜巻の襲来を予測するための情報を提供する。後部につけたドップラーレーダーのアンテナからマイクロ波が暴風に向けて発射される。その反射波から暴風の速度と方向を計算できる。

ガンの治療

ガンは、制御機能を失った細胞が異常に増殖し、腫瘍となったものだ。ガンを治療する有力な手段が、エックス線やマイクロ波などの高エネルギー放射線を照射して患部を焼く方法だ。

可視光

紫外線
太陽光に多く含まれる。

赤外線
太陽や高温の物体から発せられる。

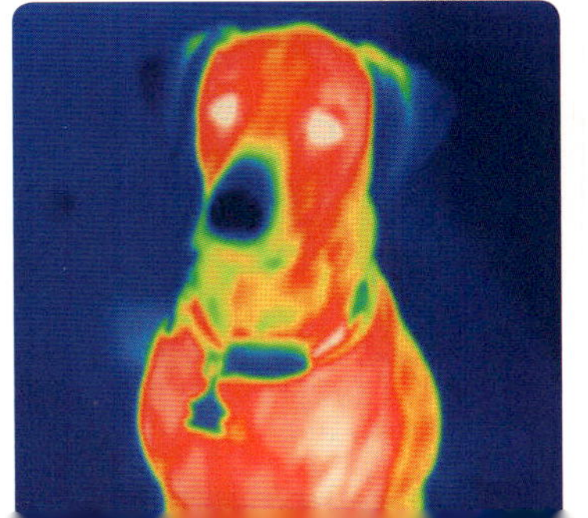

マイクロ波
波長の短い電波で、無線中継や食品の加熱に利用する。

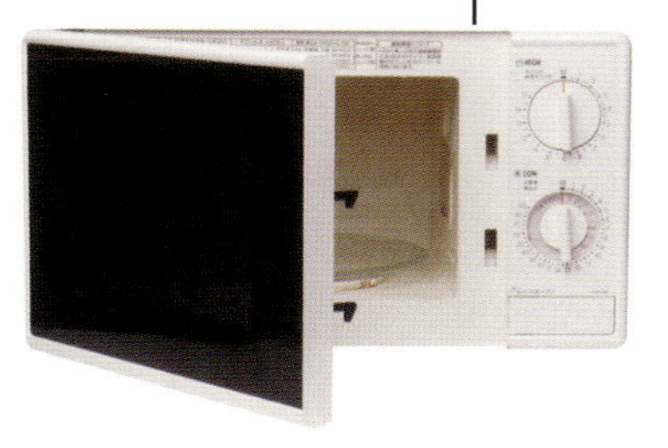

電波
波長の長い電磁波で、テレビやラジオの信号を伝える。

主な仕様

容量	6杯
抽出時間	5～8分
材質	ステンレス鋼とプラスチック
重量	4.5kg
価格	約7000円

お好みのエスプレッソ

カフェバーでは、1杯のエスプレッソがすべてのコーヒーの出発点になる。そのまま飲んでもよいが、温めたミルクを加えたり（ラテ）、熱湯で薄めたり（アメリカン）、泡立てミルクとチョコレートを加えたり（カプチーノ）してもよい。

エスプレッソマシン

ESPRESSO MACHINE

確かにインスタントコーヒーは手軽だが、風味という点ではエスプレッソの芳醇（ほうじゅん）さにかなわない。エスプレッソマシンは、ひいたコーヒー豆に高圧の熱湯を通すことで、コーヒーの風味を最大限に抽出する。この方式のコーヒーマシンでは、水圧は大気圧の15倍になる。それは、ダイバーが水面下150mで体験するのとほぼ同じ圧力だ。

家庭で味わう喫茶店の味

このタイプのコーヒーマシンは半分に分かれており、種類の違うコーヒーを同時に作ることができる。片側では濃いエスプレッソをドリップで下部のポットに満たす。反対側ではホットプレートでミルクを温め、泡立ててカプチーノやラテを作る。

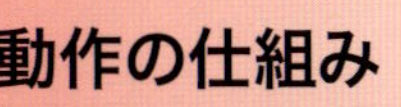

LOOK INSIDE
分解してみたら

1台で2役

エスプレッソマシンの最も重要な部分は、左側に見える湯沸かしと加圧装置だ。ミルクは右側の付属泡立て装置で別途熱せられる。

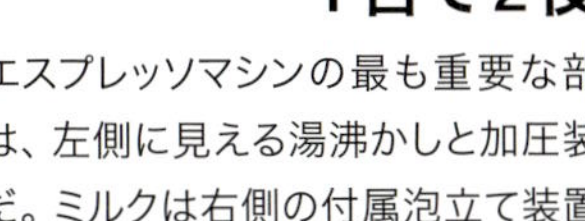

動作の仕組み

コーヒーメーカーにもいろいろな種類があるが、多くはコーヒー豆を細かい粉状につぶしたものを沸騰寸前の熱湯に数分間浸し、コーヒーの成分を抽出するものだ。エスプレッソマシンは、ひいた豆に高圧の熱湯を強制的に通すことで、他の方法よりも素早く、濃いコーヒーを抽出することができる。

❶

❷

❸

❹

1　水タンク
2　湯沸かし用ヒーター
3　加圧装置
4　コーヒー豆に高圧の熱湯を加える。

エスプレッソの入れ方

お湯を沸騰寸前のおよそ90℃まで沸かし、加圧してコーヒー豆の間を通す。

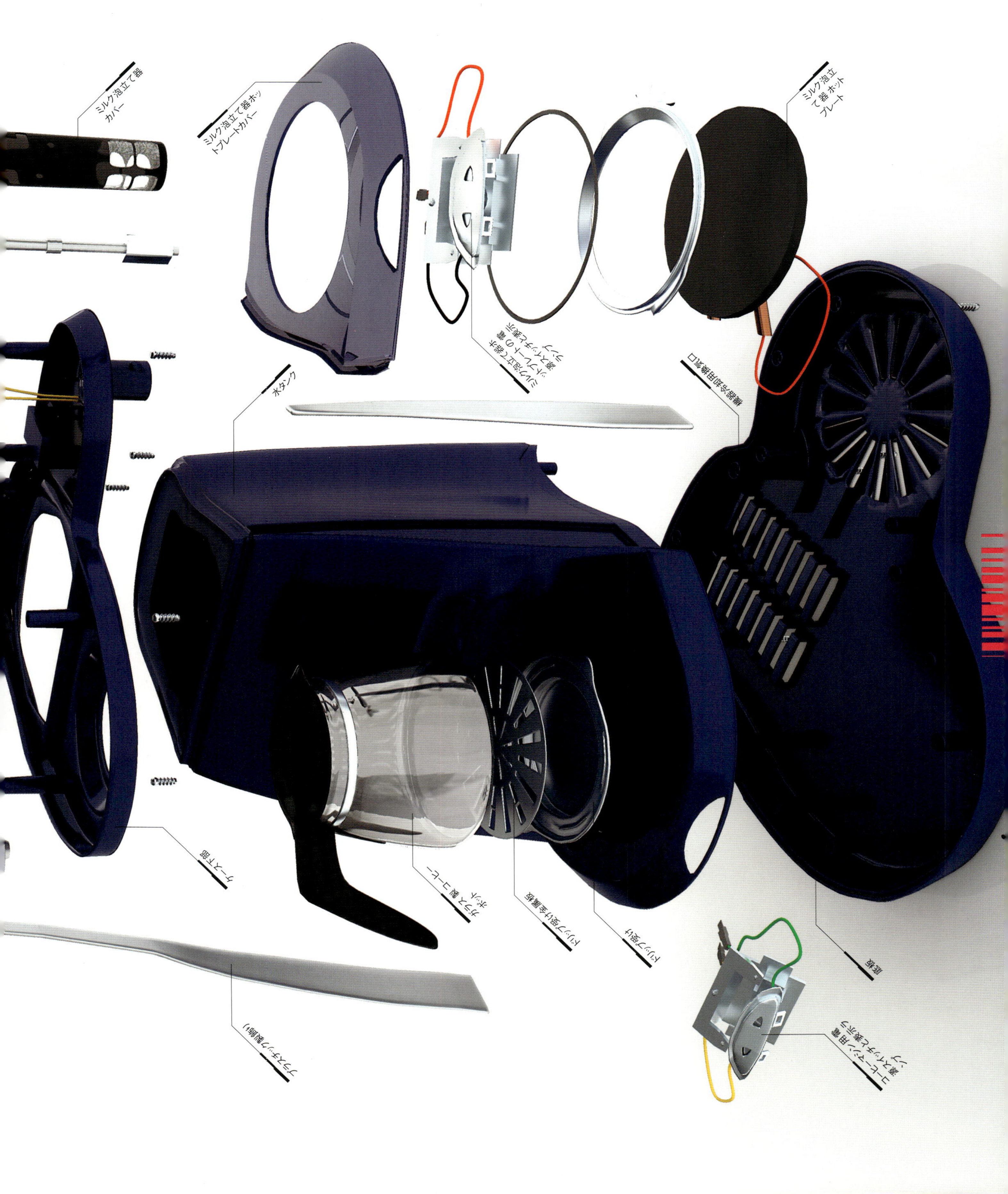
ミルク泡立て器カバー
ミルク泡立て器ホットプレートカバー
ミルク泡立て器ホットプレートの電源スイッチと表示ランプ
ミルク泡立て器ホットプレート
機器冷却用換気口
水タンク
ケース下部
ガラス製コーヒーポット
ドリップ受け金属板
ドリップ受け
底板
プラスチック製飾り
コーヒーマシン用電源スイッチと表示ランプ

やすらぎの一杯

世界中の人々が一日に飲むコーヒーは約20億杯。世界で最も愛されている飲み物といっていい。コーヒーが普及してすでに1千年以上になる。こんな話が伝わっている。西暦850年ころカルディというエチオピア人が、飼っているヤギたちがコーヒー豆をかじった後、踊り回るのに気付いた。そこでカルディが自分で試してみると、頭が冴(さ)えた感じがした。まもなくコーヒーは刺激性飲料として飲まれるようになり、アフリカ、中東からしだいに欧州、新大陸に広まっていった。

換金作物

コーヒーは世界で10指に入る重要な農産物だ。毎年の生産量は700万トンで、トラックに積んでつなぐと1300kmにもなる。ブラジル、コロンビア、インドネシアを含む50カ国がコーヒーを栽培し、世界中に輸出している。

コーヒー豆の生産

コーヒーは主に2種類の木から作られる。アラビカコーヒーノキとロブスタコーヒーノキだ。アラビカ種はラテンアメリカ、カリブ海、インドネシアが主な生産地で、アフリカが主産地のロブスタ種にくらべ濃厚で香ばしい。このため、アラビカ種が主流となっている。

すばやく手軽に

インスタントコーヒーの粉末（下の電子顕微鏡写真）は非常に濃いコーヒー抽出液から水分を取り去ったものだ。その製法はスプレードライ（高温空気乾燥）かフリーズドライ（瞬間冷却乾燥）のどちらかだ。こうしてできた粒は軽く気泡を含み、お湯を注ぐとコーヒーに戻る。

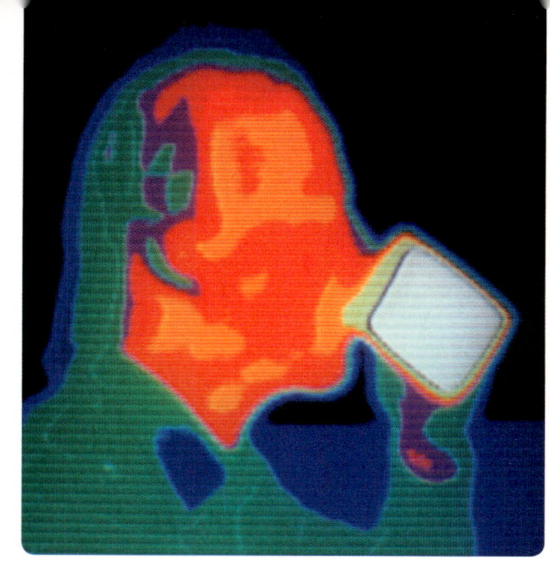

コーヒーで温まる

このサーモグラフィーは、コーヒーを飲んでいる人を撮ったものだ。赤と白は高温部分、青と緑が低温部分だ。熱い飲み物は体を温め、消化をよくすることが多い。

興奮したクモ

カフェインはコーヒーに含まれる刺激性化学成分で、意識をはっきりさせ活発にする。しかし、飲みすぎると感情が高ぶり不安定になる。この事実はクモの実験で明らかにされた。カフェインを与えられたクモは、図のような混乱した巣しか張れなかった。

古式の飲み方

アラブの遊牧民ベドウィンは、伝統的なコーヒーの飲み方を守っている。たき火で豆をいって香りを強める。冷ましてからひいて香料を混ぜ、カハワあるいはガハワと呼ばれる香ばしい味の飲料にする。

コーヒー飲み歩き

世界中のどこのコーヒーショップも似たように見えるが、エスプレッソマシンを使う所ばかりではない。トルコでは、ひいたコーヒーを小さな金属ポットで沸かす場合が多い。ベトナムではフィルターでこすのが普通だ。欧州ではカフェティエール（フレンチプレス）というコーヒーポットを使うことが多い。これは金属の茶こしでプランジャーを押してコーヒーの粒を除くものだ。

召使の代わり

家電製品が普及する以前、裕福な家庭では召使たちに家事をまかせていた。その実態はほとんど奴隷と紙一重だったといってもよい。家電製品が導入されても、それを使ったのはまず召使たちだった。今では召使を雇う人はほとんどいなくなり、自分たちで機器を使って雑用をこなしている。

女性たちの解放

かつて家事労働は主に女性の仕事とされた。そこで電器メーカーは、家がきれいにならないのは女性の責任だと思わせる広告を打って、家電製品を売り込んだ。家電製品が大衆化するとともに、家事の自動化も進んだ。現在、家庭を出て社会で仕事をこなす女性たちが増えたのは、家電製品のおかげでもある。

家電論争

1959年、家電製品をめぐって世界的な政治家同士の有名な論争があった。米副大統領リチャード・ニクソン（1913～1994年）と、当時のソ連の指導者ニキータ・フルシチョフ（1894～1971年）が互いの国産品の優劣を争ったのだ。ニクソンは資本主義（米国の体制）のほうが人々の暮らしはよくなるといい、フルシチョフは共産主義（ソ連の体制）もそれに引けをとらないと主張した。

家電製品に囲まれた生活

家の中であらゆる物を動かして活躍する電気は、比較的新しい発明だ。電気洗濯機、電気掃除機、トースター、テレビが普及し始めたのは、ほんの数十年前に過ぎない。米国の発明家トーマス・エジソン（1847〜1931年）が世界初の発電所を造った1880年代以前には、これらは存在もしなかった。それから1世紀余りたって、家電製品の助けなしには私たちの生活はありえなくなった。今では電気は当然の存在となり、停電のときその便利さにあらためて気づかされる。

電気が使えない世界

発展途上国では、今でも家電製品を所有している人々が少ない。インドでは人口の半分の6億人もの人々が電気の届かない所に住んでいる。しかも、電気が使える人も、一人当たりで西欧の7%しか電力を消費しない。

本当に楽になったのか

家事に費やす時間は数十年前からほとんど変わっていない。その理由は、生活レベルが向上し、増えた家電製品に使われるからだ。衣類が増えれば洗濯の量も増える。家は前よりもきれいにするし、料理も手が込んでくる。男性が協力するようになったとはいえ、家事の大半を受け持っているのは依然として女性だ。

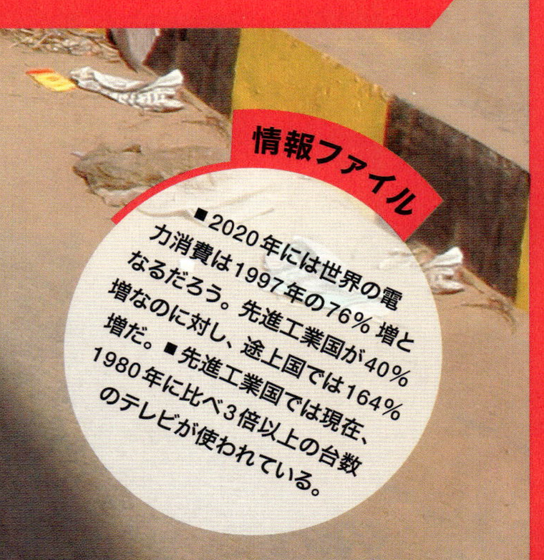

情報ファイル

■2020年には世界の電力消費は1997年の76%増となるだろう。先進工業国が40%増なのに対し、途上国では164%増だ。■先進工業国では現在、1980年に比べ3倍以上の台数のテレビが使われている。

コードレスドリル

CORDLESSDRILL

コードレスドリルのスイッチを入れると、指先にすごい力が宿ったような気がする。レンガ、木材、鋼など、一筋縄ではいかない材料に穴を開けるのはまさに力仕事だが、このドリルは強力なモーターとバッテリーでいとも簡単にやってのける。タングステンカーバイド製の超強力な回転ドリルも、その秘密の一つだ。鋼よりも3倍も強く、10倍も長持ちし、ダイヤモンドのようによく切れる。

ドリルの科学

穴開けは、むやみに力をかければよいというものではない。方向を定め、狙った場所だけに力を集中させる。ドリルの刃先はそれを固定するチャックより小さい。ドリルの刃先が回転する距離はチャックより短いので、大きな力が出る。また刃先はドリル本体よりも小さい。だからドリル本体の後ろから押し付けるのは、画びょうを押し込むようなものだ。ドリル本体に加えた力は刃先の小さな部分に集中し、材料に食い込む。

主な仕様

回転速度	最高毎分750回転
穴の深さ	木材25mm、鋼10mm
出力切り替え	5段階
価格	約5000円

バッテリーパック

コードレスドリルは、コード付きドリルよりも扱いやすく安全だ。なにしろコードにつまずく心配がない。ドリル底の黒い動力ケースには充電式のバッテリーが入っている。1回充電すれば3時間は作動する。

変速機でトルクアップ

コードレスドリルの心臓部はモーターだ。その下部にあるバッテリーのエネルギーで動く。モーターは中央部の変速機を介してドリルを動かす。変速機でモーターの回転速度を落とすとドリルの回転は遅くなるが、トルク（回転力）が増して穴を開けやすくなる。トルクの設定は5段階あり、それぞれ異なる材料に適した力を出す。

プラス型ドリル

チャックがドリルやドライバーをしっかりと固定する

各種ドリル

チャックを締めるツイストグリップ

トルクレベルを調整するツイストグリップ

バッテリーパックとドリル底部の接続部

バッテリーパック内蔵のバッテリー

バッテリーパックケース

LOOK INSIDE
分解してみたら

動作の仕組み

電動モーターは、電気と磁気の作用で回転運動を起こす機械だ。N極とS極の間に置いた電線に電気を流すと、電線は一瞬で上または下に動く。電線をコイルにして回路につなぐとコイルは回転し続ける。モーターの内部では何千本というコイルがしっかり束ねられている。U字状の大きな磁石がドリルのモーターを回し大きな力を出す。

キツツキ

自然界で穴開けの名手といえばキツツキだ。丈夫な鋭いくちばしで毎分100回も幹をつついて昆虫の幼虫を探して食べる。キツツキは、木くずで目を傷めないように、つつく直前に目を閉じる。衝撃で脳に障害がおきないよう、頭部は衝撃吸収構造になっている。

古代のドリル

人間は電気のないずっと昔の時代から穴を掘っていた。この先史時代の木製ドリルは頭部に弓と糸が付いている。弓を上下に滑らせると糸で中央のドリルが回り、先端のキリが材料に押し込まれる。

建設作業

この空気圧ドリル（右）は圧搾空気を使い、金属製ドリルを道路に叩き込む。標準的なもので毎秒25回、上下方向に往復する。

歯のドリル

歯医者は、虫歯の部分を削りとり、ポーセレンなど硬質の材料を詰めて治療する。人工的に着色した歯の写真（右）に見えるのは歯のドリルで、ダイヤモンドの粉（薄オレンジ色）でコーティングされている。回転数は毎分10万回以上だ。

穴を掘る機械

石器時代から、人間は穴を掘り続けてきたが、現代のではその方法はすっかり様変わりしている。穴が大きくても小さくても、それにふさわしい機械がやってくれる。鉄道技師たちが英国とフランスを50kmの英仏海峡トンネルで結ぼうとしたときは、11台の巨大なドリルを投入し、7年で完成させた。それと対照的なミクロの世界では、放電を利用し、直径が髪の毛の数分の一の細い穴を開ける方法が開発されている。

石油を掘る

石油リグはドリルを精巧にしたものだ。短いドリルの代わりに、中空パイプを連結して使うことで、地下8km以上まで届く。最新式の「スネーク」ドリルは、曲がった経路を掘り進むことができるため、従来のドリルよりも多くの石油を取り出せる。

地下を進む

このトンネル掘削機、通称「モグラ」は鉄道や道路のトンネル掘削用だ。回転刃の直径は約9mあり、砕いた岩屑を背後に続くレールトラックに積みこむ。このような機械は1カ月で1km以上掘り進むことができる。

レーザードリル

このようなレーザードリルは、飛行機の精密部品の製造に使われる。髪の毛ほどの大きさの穴を開けることができる。

恐怖のあまり、金切り声を上げ、身をすくめる乗客たち。ここは英ロンドン郊外のソープパークにあるネメシスインフェルノという、らせん回転ジェットコースターだ。回転の最後では重力の4.5倍もの力が乗客にかかる。

人生を楽しくする
機械たち

余暇を楽しむ

知らない人が見ると、部屋の隅に置かれたグランドピアノは、不思議な形の家具のように見えてもおかしくない。やがて、誰かがふたを開けて演奏を始めると、楽器であることがわかる。だが、音を聞いただけでは、それがどんなに複雑な機械であるかは想像がつかないだろう。はじめてピアノが作られたのは18世紀で、部品の数は1万2000点以上もある。

このほかにも私たちを楽しませてくれる道具には、それぞれの秘密がある。コンピューターゲームの愛好家は多い。中でもリアルな画面が次々と変化するゲームは特別だ。現在のゲーム機が以前のものより格段に進歩しているのは、信じられないほど強力な、スーパーコンピューター並みの性能を持つマイクロプロセッサーのおかげだ。技術の進歩によって遊びの面白さは倍加した。その中身を調べれば、どのように進歩したのかがわかる。

手回し発電ラジオ

FREEPLAY RADIO

ラジオは世界を引き寄せる。選局ダイヤルを回すだけで、居ながらにして大陸と海洋を越えて飛んでくる声や歌を聴くことができる。ラジオを聴くには電源が必要だ。ところが、この英フリープレイ・エナジー社のラジオは手回し発電なので、世界のどこでも動く。1分間回せば1時間も聞ける。しかも懐中電灯まで内蔵している。

シースルーのラジオ

普通、メーカーは機械の中身が見えないように隠すのに苦労する。しかしフリープレイ・エナジー社は、このラジオに透明なプラスチックケースを採用した。ラジオ本体の電子部品はもちろんのこと、クランクねじを回すと強力な発電機が回るのも見ることができる。

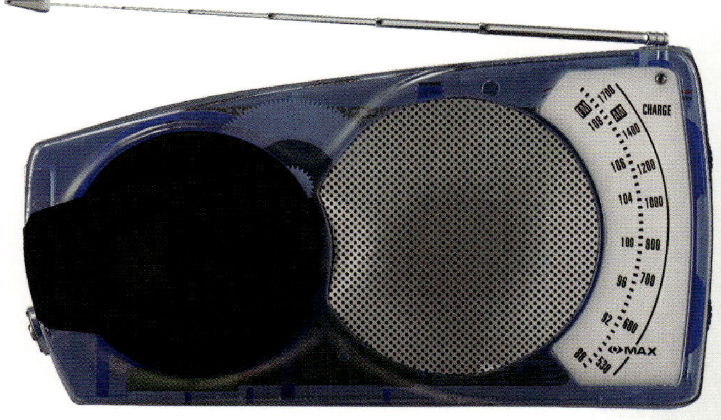

主な仕様

電源	手回し発電機、太陽電池、あるいは外部電源
懐中電灯	長寿命LED（発光ダイオード）
バッテリー	フル充電で25時間使用可。寿命は5000時間以上
価格	約5000円

ぜんまい仕掛けの宇宙

電気が普及する以前は、ぜんまいの動力がよく使われた。ハンドルを手で回して動力を機械の内部にためるのだ。ハンドルを回すと鋼製のぜんまいが巻かれ、それが徐々に戻るときに歯車を回して機械を動かす。この太陽系儀（惑星模型）もぜんまい仕掛けだ。

LOOK INSIDE
分解してみたら

手回し発電機

ほとんどのラジオは完全に電子製であり、可動部品はまったくない。しかし、このフリープレイ・エナジー社のラジオの動力源は手回し発電機なので、可動部分がたくさん組み込まれている。右端に見えるクランクハンドルを手で回すと、内部の変速歯車が回り、発電機を速く回す。発電機は自転車のダイナモと同じように、永久磁石を使って電気を起こす。これでバッテリーを充電し、ラジオを聴くときには、ゆっくりそのエネルギーを消費する。

動作の仕組み

無線は、電線を使わずに音声、音楽、その他の情報を送る方法だ。ラジオ局では人の声をマイクで受けて、音声信号に変える。この信号を電波に乗せ、強力な送信アンテナを使って全方位へ送信する。家にあるラジオはこの電波を受信する装置で、電波に含まれる音声信号を復元し、音として聞こえるように増幅する。受信機は複雑に見えるが、その働きは一連の単純な作業に分解できる。

信号から音へ

ラジオの回路基板が搭載する電子部品で、特に重要なのは次の5種類だ。(1)電波を受信するアンテナ、(2)特定の周波数の電波を選び出すキャパシター、(3)電波から音声信号を復元するダイオード、(4)音声信号を増幅するトランジスタ、(5)耳に聞こえる音を出すスピーカー。

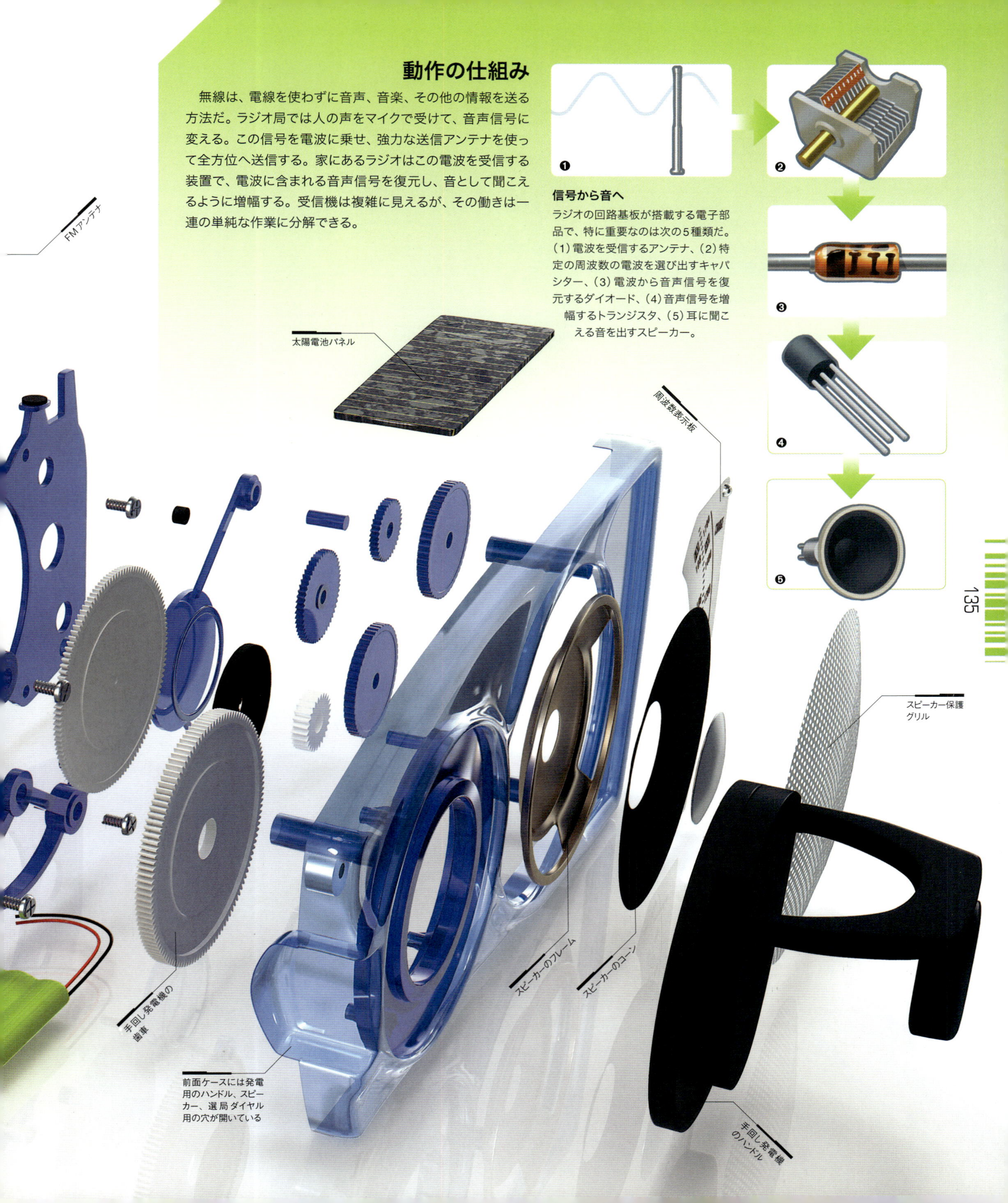

暮らしと電気

はじめて発電所が建てられてから1世紀以上になるが、まだ世界の4分の1の人々には電気が届いていない。つい最近まで、発展途上国に電気をもたらすのに二つの障害があった。一つは発電所自体の建設だ。建設に3000億円の費用と何年もの期間がかかる。もう一つは送電網の問題だ。国中に空中の電線か地下ケーブルを張りめぐらすには費用がかかる。

貧しい国にとっては電気よりも、きれいな水と最低限の医療体制が優先されてきた。それが技術のおかげで変わろうとしている。太陽光発電や充電式バッテリーによって、いつでもどこでも必要な電気を起こし、ためることができるようになった。

ソーラーパネル

ボリビアのへき地に立つソーラーパネル（上）。こうしたパネルは太陽光を直接電気に変える。この大きさでおよそ100ワットを発電する。電球1個を点灯するには十分だ。電気はそのまますぐに使ってもよいし、バッテリーにためておけば後で使える。

砂漠のテレビ

テレビ電波は世界のどこでも受信できる。しかし電気がなければテレビ受像機が動かない。西アフリカ、ニジェールの村では、太陽光発電によりバッテリーにためた電気でテレビを見る（下）。

携帯電話

ほとんどの発展途上国では固定電話網が発達していない。アフリカでは固定電話を持つのは100人に1人以下で、携帯電話のほうがはるかに普及している。費用のかかる電話網を整備する必要がないからだ。電気がなくても、小型の太陽電池で携帯電話を充電できる。

ソーラー井戸

世界人口の6分の1に相当する約11億人以上が、きれいな水に恵まれていない。アフリカのナミビアにあるこのような太陽光駆動のポンプで、その数を減らすことができるかもしれない。ソーラーパネルがモーターを動かして地下水を汲み上げる。太陽の紫外線を利用して、同時に水を殺菌するポンプもある。

ソーラークッキング

途上国の中にはエネルギーの80%を、木のまきに頼っている国もある。まきを集めに1日何時間も歩き回るのは、たいてい女性と子供の仕事だ。その代わりになるのが下の写真のような太陽熱コンロである。大きな皿の形をした凹面鏡で太陽光線を反射し、中心に置いた鍋に熱を集める。

ソーラーランタン

電気のない場所で作業や勉強をするのにも太陽光が役に立つ。日中はソーラーパネルで発電した電気をバッテリーにため、夜間に灯をともす。

手回しパソコン

電気もなく、電話も本も乏しい発展途上国の子供たちは、教育設備に恵まれていない。この新型の安価なパソコンが助けになるかもしれない。ハンドルを手で回して発電し、無線でインターネットに接続する。

スピーカーの芸術品

KEF MUON SPEAKERS

どんなに素晴らしい音を出すスピーカーでも、見た目はさえない黒い箱であることが多い。この英KEF社のミュオンは世界で最も高価なスピーカーとされるが、まったく違う考えで作られている。その曲面状のアルミ製キャビネットは、美術館に置いてもおかしくないほど美しい。1台のシステムには、スピーカーが9個（前面に7個、背面に2個）あり、ジェット機の離陸音のような大音量も再現できる。受注製品として販売され、100台までの限定生産だ。

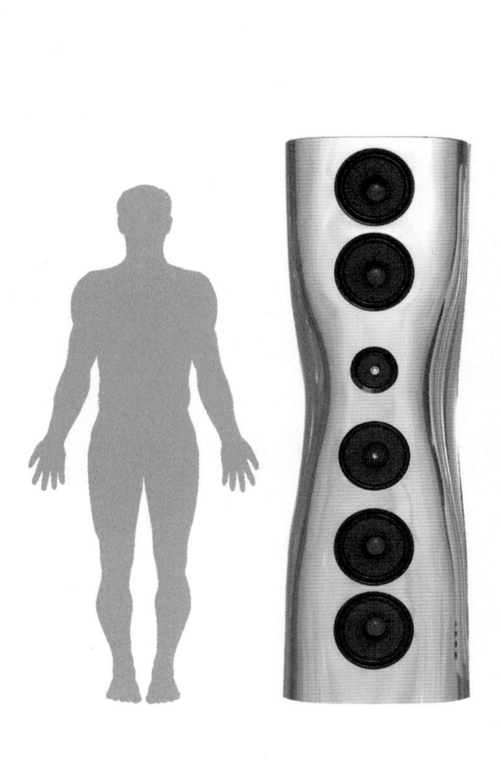

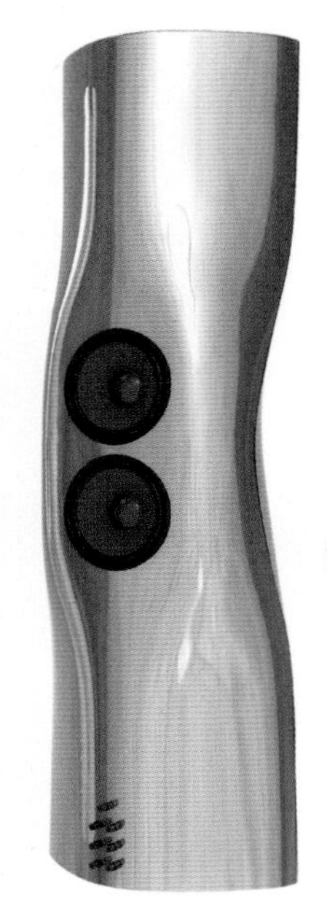

音響の彫刻

ミュオンのプロトタイプは、大人の大きさほどある大きなアルミの塊（かたまり）からコンピューター制御の旋盤で彫り出された。完成品はスーパーフォーム成型という手法で作られる。これは、巨大なアルミシートを高温に熱し、空気圧で折り曲げて、目的の寸法に切り出すものだ。

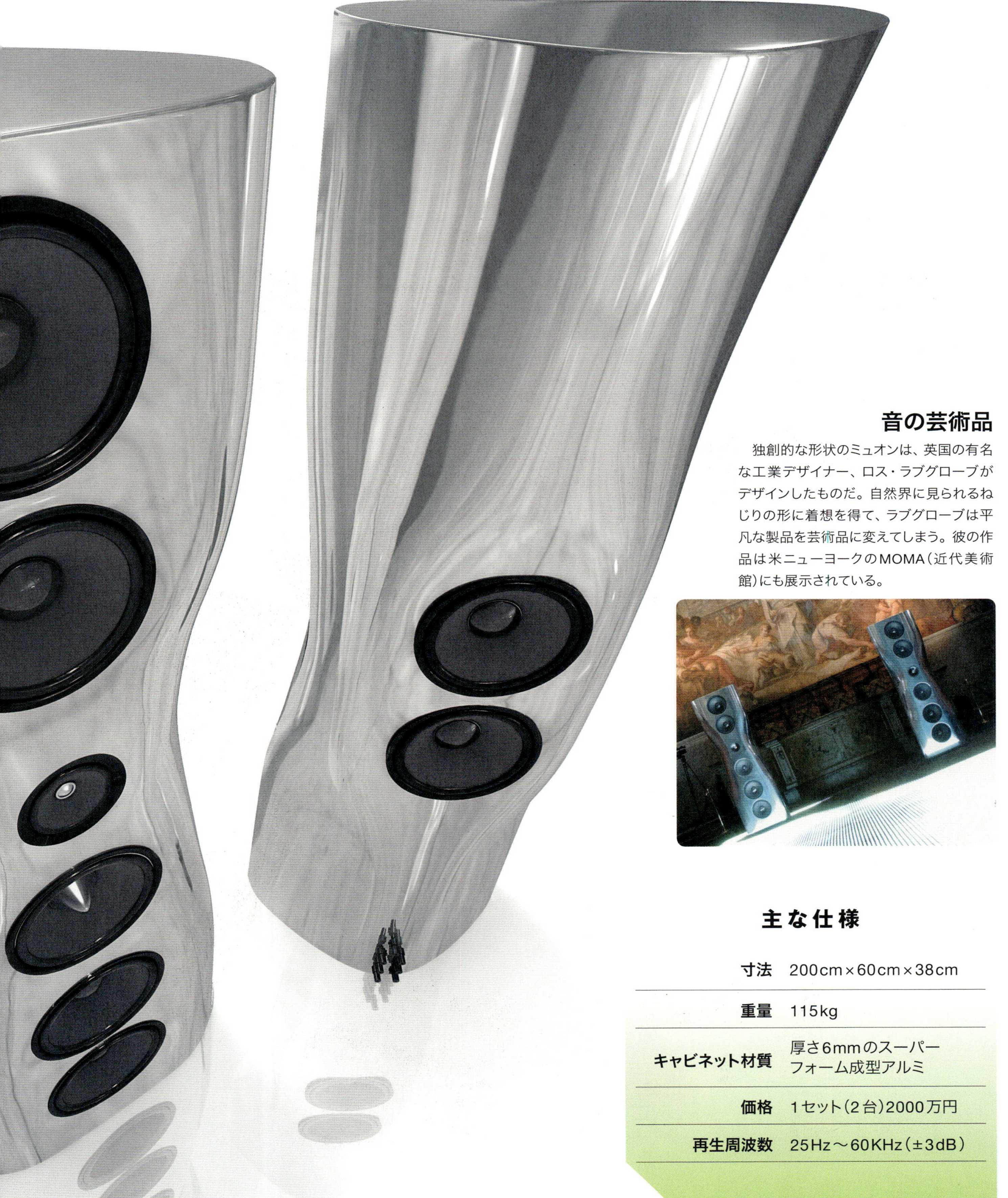

音の芸術品

独創的な形状のミュオンは、英国の有名な工業デザイナー、ロス・ラブグローブがデザインしたものだ。自然界に見られるねじりの形に着想を得て、ラブグローブは平凡な製品を芸術品に変えてしまう。彼の作品は米ニューヨークのMOMA（近代美術館）にも展示されている。

主な仕様

寸法	200cm×60cm×38cm
重量	115kg
キャビネット材質	厚さ6mmのスーパーフォーム成型アルミ
価格	1セット（2台）2000万円
再生周波数	25Hz～60KHz（±3dB）

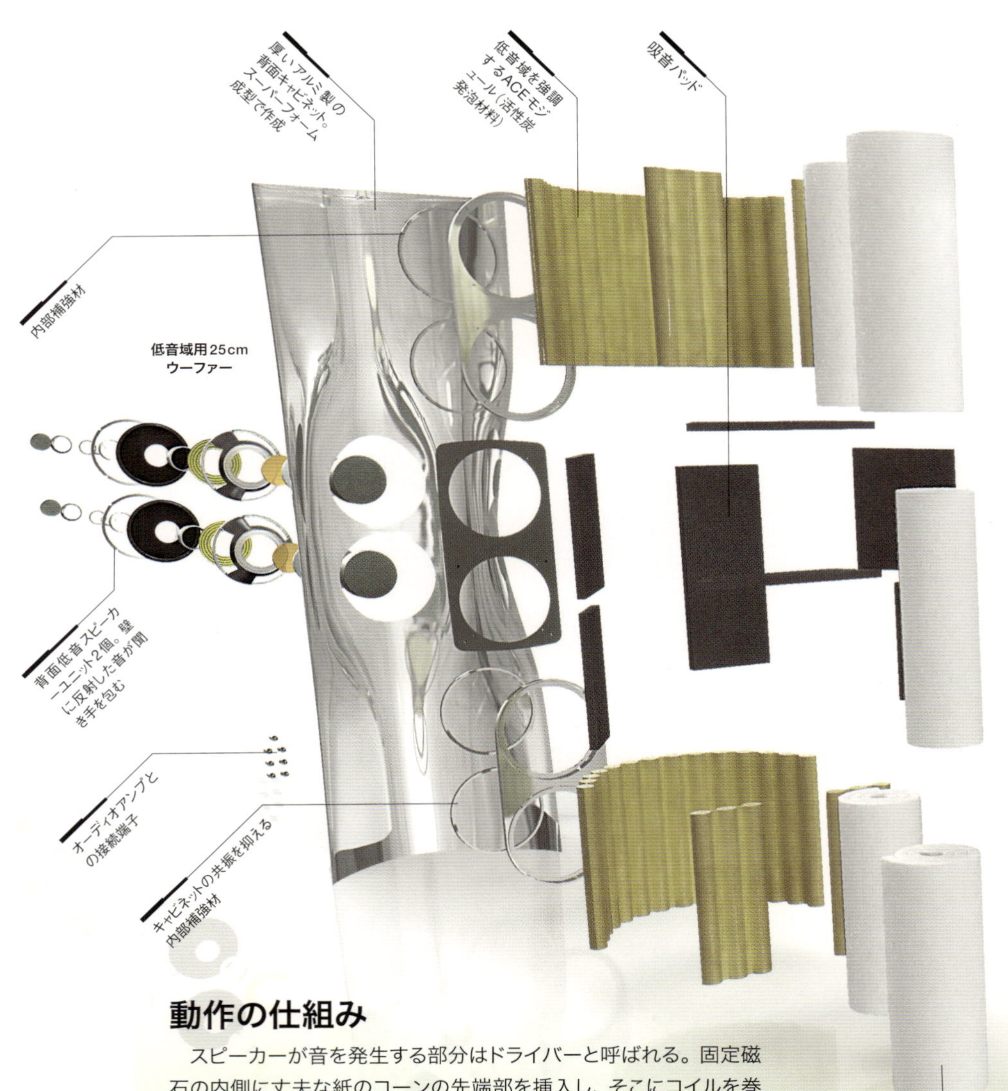

吸音ロール。吸音パッドとともに不要な振動を抑える

厚いアルミ製の前面キャビネット。スーパーフォーム成型で作成

動作の仕組み

スピーカーが音を発生する部分はドライバーと呼ばれる。固定磁石の内側に丈夫な紙のコーンの先端部を挿入し、そこにコイルを巻き付けたものだ。オーディオアンプからの電気信号がコイルに流れると、コイルは電流の強さに比例した磁場を生じ、永久磁石の磁場の作用によって、コーンが力を受けて前後に振動する。

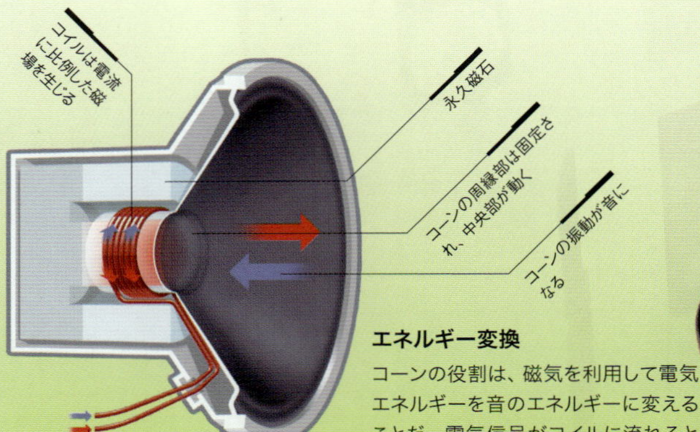

エネルギー変換

コーンの役割は、磁気を利用して電気エネルギーを音のエネルギーに変えることだ。電気信号がコイルに流れるとコーンが振動してその前面の空気を前後に振動させ、音波として私たちの耳まで伝わる。

音の動き

スピーカーコーンの動きは毎秒2万回にも達し、非常に速いため目には見えない。軽いプラスチックの球をコーン上に載せると、コーンが振動すると球が飛び跳ねるのがわかる。

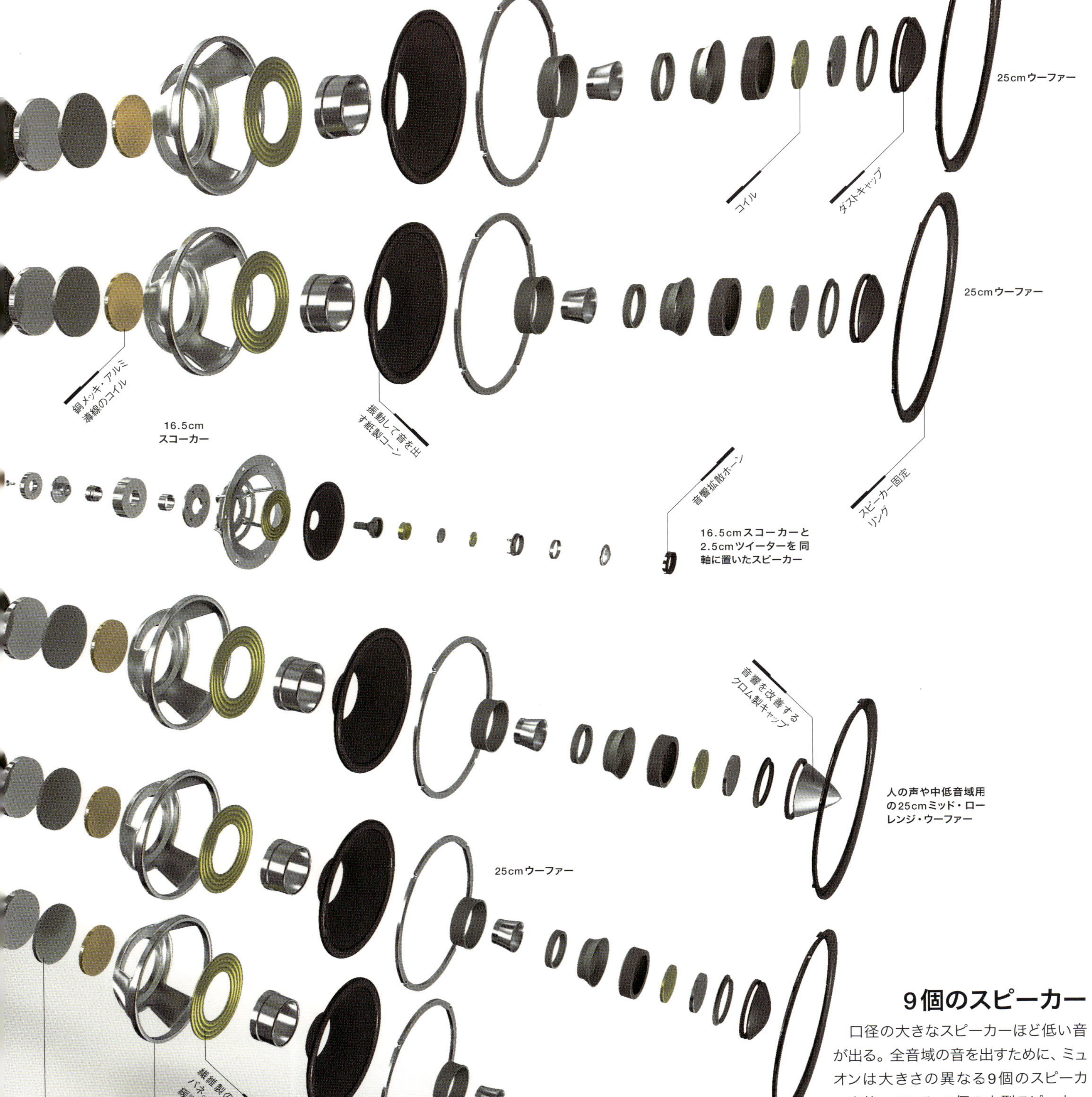

9個のスピーカー

口径の大きなスピーカーほど低い音が出る。全音域の音を出すために、ミュオンは大きさの異なる9個のスピーカーを使っている。7個の大型スピーカーはウーファーと呼ばれ、重低音を出す。中低音域のスピーカーは人声の音域を分担する。高音用の2.5cm小型スピーカー（ツイーター）は、16.5cm中低音域スピーカー（スコーカー）の中央に取り付けられている。

広がる音の世界

小鳥のさえずり、人の笑い声、鳴り響くサイレン、ドラムのリズム。私たちの周りには音があふれている。動物は音で危険を察知するが、音の聞き方はどの動物も同じではない。例えば、ヘビは腹部の筋肉で音をとらえるし、コオロギの耳は第1肢の関節の下にある。

人間の耳は巧妙な仕組みの器官で、音を立体的にとらえることができる。耳に入る音は鼓膜を前後に振動させ、電気信号を生じる。脳はその信号を解読し、音が聞こえたと感じる。19世紀以来、私たちは科学の力で音響装置を開発してきた。驚異的な性能のスピーカーや録音装置を使って、今やいつでもどこでも音を鳴らし、聴くことができる。

音の情景

4台以上のスピーカーユニットを用いた再生システムは、3次元の音場を再生することができる。居間に座っているのに、脳はあたかも別の空間にいるように感じる。サラウンド効果として知られるこの技術は冒険映画に使われて、現実のような効果と興奮をもたらす。

大音響

ロックバンドは、スタジアムを埋め尽くした満員の聴衆に十分な音量を響かせなければならない。マイクと楽器から出てきた音の信号は、アンプを通して何万倍にも増幅される。この増幅された信号を巨大なスピーカーに流すと、元の音がはるかに大きな音響として再現される。

録音の歴史

フォノグラフ

米国の偉大な発明家、トーマス・エジソン（1847～1931年）は、耳が不自由だったにもかかわらず、音を記録するアイデアをはじめて実現し、いつでも再生できるようになった。彼が1877年に発明した蓄音機は、円筒盤のスズはくに記録した。

グラモフォン

1910年代にはフォノグラフに代わってグラモフォンが登場した。これは、プラスチックの円盤に渦巻状に刻まれた溝を針がなぞって音楽を奏でる仕組みだった。この音を巨大なトランペットのようなホーンに伝えて大きくした。

サウンド・オブ・サイレンス

パイロットが着けているのはノイズキャンセリング・ヘッドホン（上）で、マイクと電子技術によって外部の雑音を消すものだ。耳に入ってくる雑音を打ち消す逆相の音波をヘッドホンから出して、余計な音をほぼ完全に打ち消してしまう。

録音スタジオ

演奏家たちがいろいろな楽器を別々に録音した音を「ミキシング」して複雑な曲にまとめ上げることができる。スタジオではエンジニアがコンピューター操作卓を自在に操り、完全な曲として完成させる。

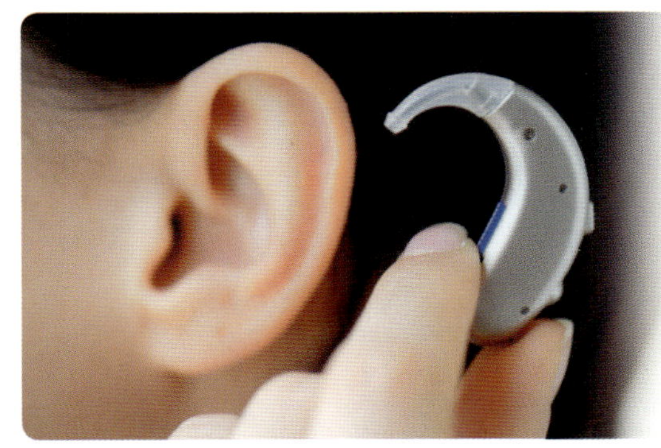

極小スピーカー

補聴器の外側には、小さな音を拾うマイクが付いている。マイクが拾った音の信号は増幅されて補聴器内側の小さなスピーカーに流される。スピーカーから出た音は、補聴器を着けた人の耳には、大きな音として聞こえる。

レコードプレーヤー

コンパクトなレコードプレーヤーが現れたのは1950年代だ。プラスチックのレコード盤から針で音を復元するところまではグラモフォンと同じだが、音を増幅するために、大きなホーンではなく、電気で鳴る小型スピーカーが使われた。

ウォークマン

ソニーは、1979年に音楽プレーヤーのウォークマンを発明した。これで音楽をどこへでも持ち歩けるようになった。カセットテープに録音された音をヘッドホンで聴くものだ。

MP3プレーヤー

最初のMP3プレーヤーは1998年に作られた。何千曲もの音楽を電子的に圧縮したコンピューターファイルとして蓄えることができる。曲を聴くにはスピーカーか、イヤホンが使える。

BREITLINGWATCH 高級腕時計

惜しみない手間

スイスの高級腕時計メーカー、ブライトリング社のクロノグラフは、ケースの製作にも惜しみない手間がかかっている。まず、非常に硬い鋼あるいはチタンの原板から高圧プレスで、ケース本体を打ち抜く。プレス工程の圧力の合計は435トンにも達する。そして9回の洗浄と15回の研磨工程が続く。ケースだけで59点の部品からできている。

チクタク、チクタク……。時計の音は同じように聞こえるが、ブライトリング社の腕時計の響きは、そうではないと主張しているように感じられる。そのムーブメント（内部の動作機構）は140点以上の精密な部品から成っている。最も単純な針でさえダイヤモンドで磨かれ、コンピューターによって髪の毛の30分の1以下という精度で機械加工されている。この時計が刻む響きは、41工程の念入りな作業の末に生まれる。

クリスタルの輝き

ブライトリングの腕時計のガラスは、傷が付きにくいサファイアクリスタルだ。極微のガラス粉末を溶かして結晶させたものを、サラミのように薄切りにした後、研磨して形を整える。その後で、光の反射を99％防ぐためのコーティングを両面に施す。

主な仕様

材質	鋼製のケースとリストバンド
直径	44mm
重量	120g
防水性能	30気圧（水面下300m）
価格	50～450万円

時間を刻む

長距離の移動手段が充実し、電信電話、インターネットなどの通信技術が発達したため、時間を計る方法も手の込んだものになってきている。大昔は、日時計の日影のうつろいや砂時計の砂が落ちる様子でおおよその時間がわかれば十分だった。現代ではクォーツ時計で秒まで、原子の振動を使った超精確な時計でナノ秒まで正確に求めることができる。時の進みは昔と変わらないが、その経過は以前よりも圧倒的に詳しくわかるようになった。

原子時計

旧式の時計では、振り子はおよそ1秒間に1往復する。原子時計ではセシウムの原子が1秒間に90億回以上も振動する。最も正確な原子時計の誤差は、2000万年で1秒しかない。

時計の歴史

日時計

何千年の昔、人々は天球を大きな時計とみなして、太陽、月、星を観察して時間を計った。ストーンヘンジなど古代の建造物は巨大な日時計だった可能性がある。この凝った日時計は、17世紀の船乗りが使った典型的な日時計だ。

砂時計

正確な時計が現れるまでは、短い時間を計るのにこのような砂時計が使われた。1個の砂時計はきっちり15分で砂が落ちるので、全部で1時間、正確に計ることができる。これは黒檀と象牙を用い、繊細な曲線が特徴のイタリア製だ。

航海時間

航海のため経度を正確に測るには、時間を知ることが必要になる。英国人ジョン・ハリソン（1693～1776年）がクロノメーターを発明するまでは正確な時間を知ることができず、航海には危険がつきものだった。クロノメーターは、荒れた海でも正確に時を刻む時計だ。多くの航海士が身につけて航海する。ブライトリングの腕時計などがこれにあたる。

鉄道時間

昔は世界の場所ごとにそれぞれ独自の時間があった。たとえば英国のブリストルはロンドンより10分遅れだった。19世紀になって長距離鉄道や電信が都市を結ぶようになると、標準時を決めて時計を合わせるようになった。

航空時間

ジェット機のおかげで世界を速く飛び回れるようになった。見かけ上、到着地の時刻が出発地の時刻よりも前になることもあり得る。この「タイムトラベル」は、ロンドンのグリニッチを基準とする共通の時間を世界中で使っているために起こる。

インターネット時間

インターネット上では時間帯による違いは関係ない。関係するのはオンラインかどうかだけだ。インターネット時間は、1日を「ドット・ビーツ」という単位で1000区間に分ける。世界のどこでも共通だ。東京で午後5時は、ロンドンで午前8時、ニューヨークで午前3時だが、インターネット時はどこでも@375.beatsだ。

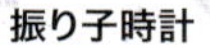

振り子時計

一定の長さの振り子は、その重さに関係なく、一定の時間で繰り返し振れる。オランダの物理学者クリスチャン・ホイヘンス（1629～1695年）は1656年12月、その原理を応用して振り子時計を作った。

ぜんまい時計

金属で小さな歯車とぜんまいを作れるようになって、時計は持ち運びできる程度に小さくなった。このぜんまい時計は18世紀までさかのぼる。

クォーツ時計

振り子や歯車で時間を計る代わりに、この時計は小さな水晶振動子を流れる電流が振動する回数を計る。

ゲームマシン ENTERTAINMENTSYSTEM

本格的なゲームを楽しむには本格的なマシンが必要だ。普通のパソコンの場合、その頭脳としてプロセッサーチップを1個使うが、ソニーのプレイステーション3は、もっと進歩したチップを使っている。それはセル・ブロードバンド・エンジンという名称のチップで、8個の浮動小数点演算部を内蔵している。この1チップで、1990年代のスーパーコンピューター、つまり科学技術計算用の大規模並列処理コンピューターに匹敵する性能がある。

臨場感が大事

実物そっくりの画像を作るため、ゲームのプログラムは大量の情報を必要とする。このデータをすべて処理するため、プレイステーションはブルーレイディスクを使っている。ブルーレイディスクが蓄える情報量は、通常のDVDの10倍だ。これによってゲームの画像はずっと精密になる。

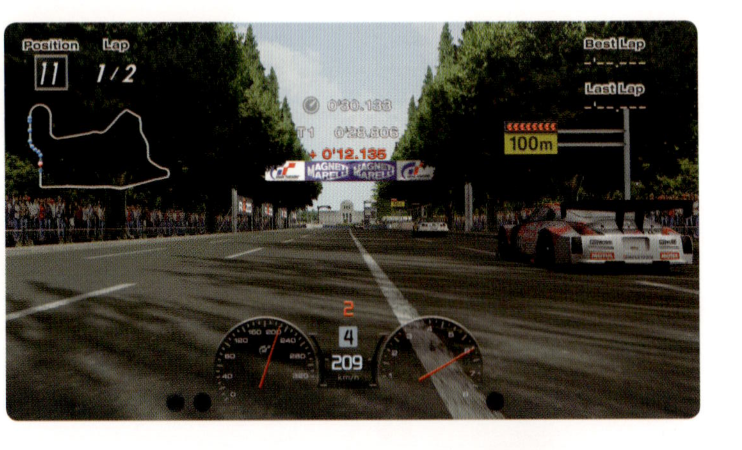

主な仕様

メモリー	20〜80GB(ギガバイト)のハードディスク
マイクロプロセッサー	3.2GHz(ギガヘルツ)のセル(Cell)プロセッサー
性能	218GFLOPS(ギガフロップス)
ディスク媒体	CD、DVD、ブルーレイ
接続	USB、Wi-Fi(ワイファイ)、Bluetooth(ブルートゥース)

強力マシン

プレイステーション3はWi-Fi無線ネットワークの機能を内蔵し、いちどに40人まで、世界中の人と一緒にゲームを楽しむことができる。このほか、新たなゲームをダウンロードしたり、友達とチャットしたり、自動でシステムをアップデートすることができる。

ブルーレイディスクプレーヤーを制御する回路基板

小型の回路基板をマザーボードに接続するリボンケーブル

メモリーカードのスロットが開いている前面ケース

CDやDVDも使えるブルーレイディスクプレーヤー

ブルーレイディスクを高速で回転させるモーター軸

内部ケース

正面ケース

メモリースティック、メモリーカード用カードリーダー（一部のモデルのみ）

Wi-Fi（ワイファイ）とBluetooth（ブルートゥース）無線部

電源部カバー

変圧器

電源部のコンデンサーは、敏感な電子部品へ供給する電源電圧を安定化する

前面ケース

LOOK INSIDE 分解してみたら

放熱の工夫

マイクロプロセッサーは、コンピューターの頭脳に相当するプロセッサーチップだ。わずかな面積内に大量の電流が流れるため、内部抵抗による発熱でかなり熱くなる。プレイステーションは、より低速のコンピューターより発熱量が多いため、本体内部の冷却システムも大きなものが必要となる。背面の冷却ファンはラップトップ・コンピューターの数倍になるほど大きい。大きな銅製の冷却パイプも熱の除去に役立っている。

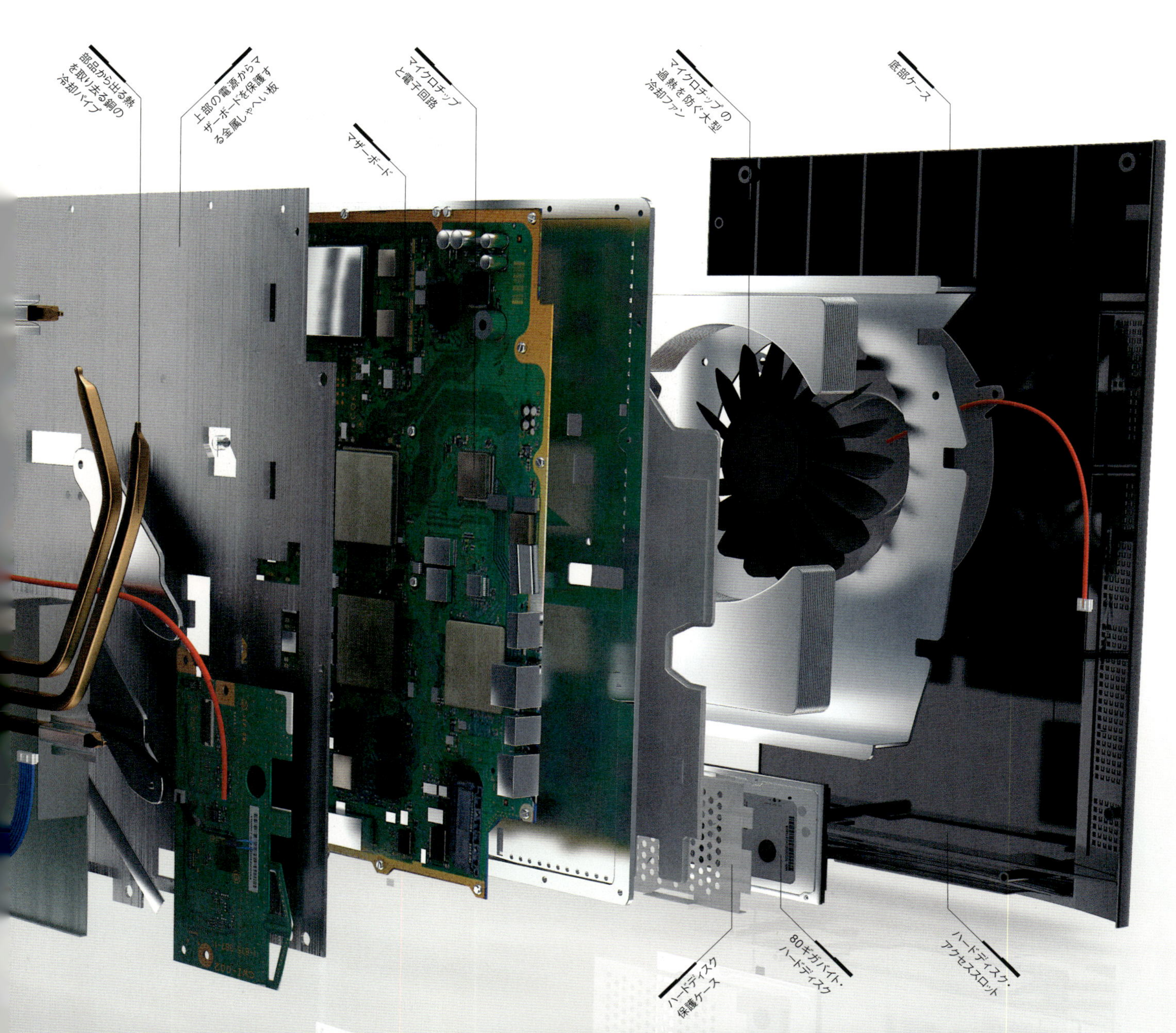

動作の仕組み

プレイステーションの中で最も重要な部品は、強力なマイクロプロセッサーだ。9個の独立なプロセッサーが1個のチップに組み込まれている。このうち8個のプロセッサーはプレイステーションがスーパーコンピューター並みの猛烈な速度で処理するためのものだ。9番目のプロセッサーはこれらを統括するもので、他の8個の動作を制御、監視する。

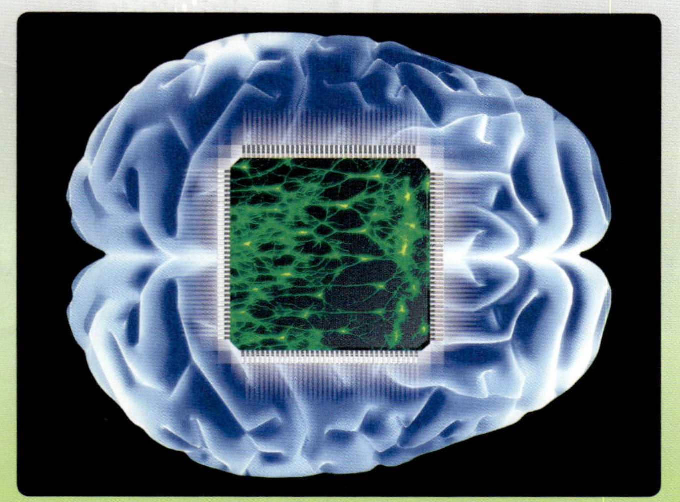

頭脳の力

通常のコンピューターは、一つのジョブを完全に終わらせてから次のジョブに移る。これを逐次処理といい時間がかかることが多い。プレイステーションの8個のプロセッサーは一度に複数の異なるジョブをこなすことができるため、処理がずっと速い。これを並列処理といい人間の頭脳に似ている。

ゲームに夢中

コンピューターゲームは楽しいというだけではない。今やれっきとした産業でもある。その産業規模は全世界で3兆円ともいわれ、娯楽産業のトップなのだ。かつてコンピューターゲームは一人で楽しむものだった。それが今ではインターネットのおかげで、毎日何百万という人々がオンラインで、会ったこともない地球の反対側の人と一緒に楽しんでいる。インターネット接続が増え、携帯電話のように持ち運びできる機器に移行するにつれ、コンピューターゲームはますます普及するだろう。

旅の良き友

据え置き型のプレイステーション3とは違い、ニンテンドーDSはこのように手軽に持ち歩ける。画面は明るく、タッチスクリーンで入力し、無線でインターネットにアクセスできる。バッテリーは最大19時間もち、退屈な旅の暇つぶしには十分だ。

インターネットカフェ

インターネットカフェは、特にアジアではやっている。ゲームをしたり、インターネットにアクセスしたりしたい若者に人気だ。日本や韓国ではインターネットを自由に使えるが、中国やミャンマー（旧ビルマ）では政府がアクセスを監視し、反政府的なサイトへのアクセスを切断する。

ゲームの功罪

ビデオゲームを問題視する人々がいる。例えば、やりすぎると視力障害になるというのだ。一方、ある調査結果によると、戦略ゲームは子供の思考力や推理力を高め、オンラインゲームは社会性を伸ばすという。

コンピューターゲームの歴史

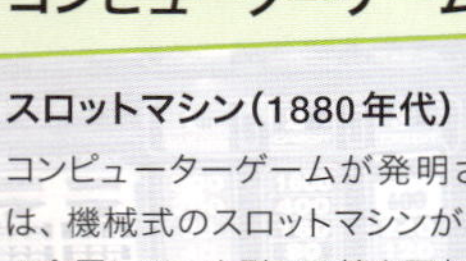

スロットマシン（1880年代）

コンピューターゲームが発明される以前には、機械式のスロットマシンがあった。側面の金属レバーを引いて輪を回転させ、輪に描かれた画をそろえて、ジャックポットという大当たりを狙うものだ。こうしたスロットマシンは、現在のゲームセンターでもまだ人気を保っている。

ポン（1970年代）

『ポン』（コンピューターピンポン）は1972年、コンピューターゲームとして、はじめて広く流行した。コイン式のアーケードゲームから始まって、後に家庭のテレビにつなぐ専用機として販売された。

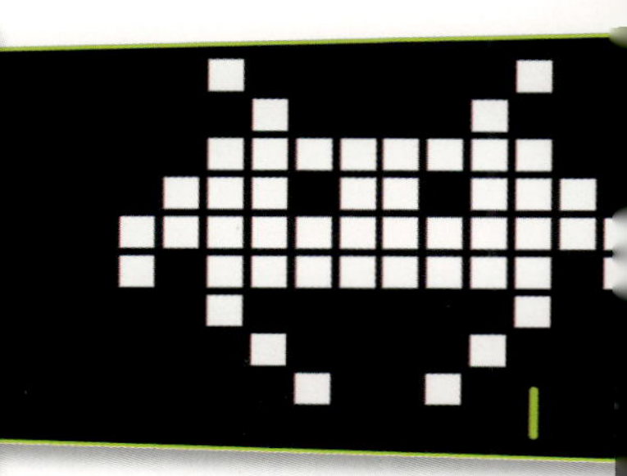

医療での応用

ゲーム用に開発されたハードウェア（機器）とソフトウェア（プログラム）は、身体障害者などの補助手段としても役立てられている。ゲームをすること自体も、事故や病後の筋肉のリハビリに役立つという。

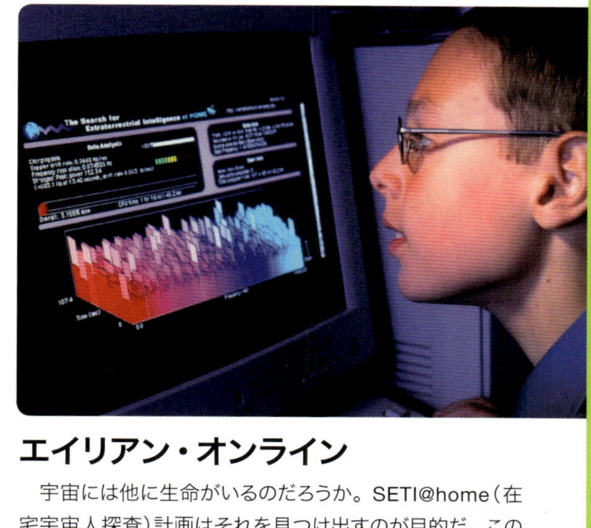

エイリアン・オンライン

宇宙には他に生命がいるのだろうか。SETI@home（在宅宇宙人探査）計画はそれを見つけ出すのが目的だ。この計画では、家庭のパソコンが使われていない時間にその能力を活用し、電波望遠鏡のデータから宇宙人が発信したと思われる信号を探す。

スーパーコンピューター

現在のゲーム専用機は、1990年代半ばのスーパーコンピューターと同程度の強力な性能をもつ。当時のクレイコンピューター（上）並みの処理能力があなたの家にも備わっているかもしれない。

スペースインベーダー（1980年代）

1980年代はじめには、すでにパソコンは速く、価格も手ごろで、画面もカラーになっていた。『スペースインベーダー』は1980年代の人気ゲームで、飛来するエイリアンの襲撃を撃退するものだ。はじめて音響効果が入ったゲームの一つだった。

ミスト（1990年代）

1990年代になると、驚くほど芸術的な表現のゲームがCDに収められて登場した。そのベストセラーの一つ、『ミスト』はプレーヤーが不思議な島で謎解きに挑戦する。

仮想現実

仮想現実（バーチャルリアリティー）は、ヘッドセットや手袋入力装置などを使って、コンピューターが作り上げたリアルな仮想世界を体験させるものだ。その技術はまだ開発途上だが、将来のゲームでは仮想現実を体感できるだろう。

ホログラム

ホログラムは、プラスチックあるいはガラスの内部に閉じ込められた立体画像だ。クレジットカードの上に付いているセキュリティマークのイメージに近い。ホログラムの画像は、物体をレーザービームでなぞって作られる。

明暗の模様にすぎない写真と違って、ホログラムは物体が反射したレーザー光の詳細な情報をすべて残している。ホログラムに光を当てると、実物のように見える立体画像が再現される。この立体テレビでは、ガラス製のスクリーン球内でレーザービームを交差させ、各瞬間のホログラムを次々と再生する。

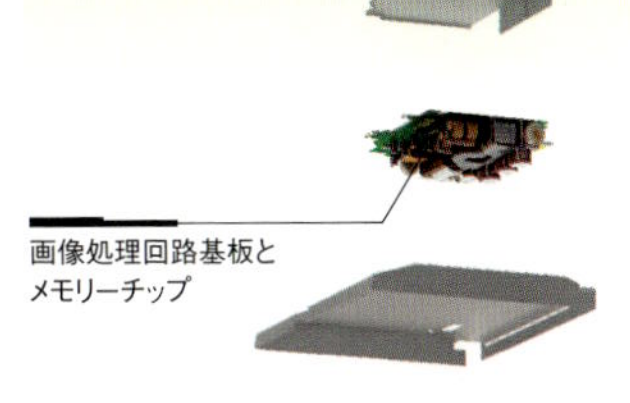

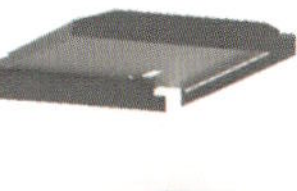

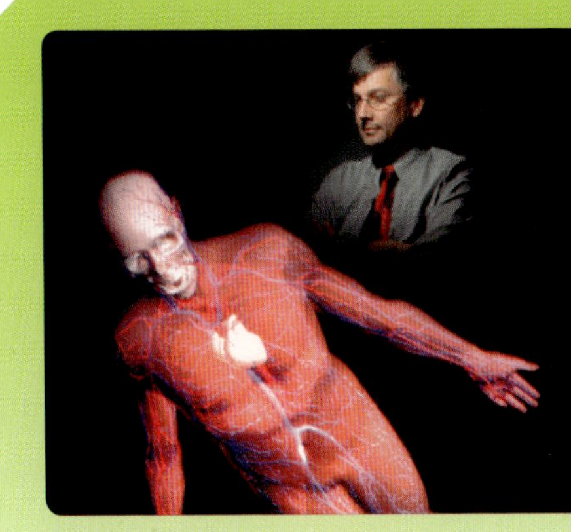

人体モデル

ホログラムには重要な用途がたくさんある。カナダのカルガリー大学の医師たちは、人体の詳細なモデルをホログラフィーで製作し、病気の解明に役立てている。コンピューターで復元した細胞、組織、器官全体の内部をあらゆる角度から観察することができる。

FUTURE**HOLOGRAPHIC**TV

未来の立体テレビ

占いの水晶球をのぞき込むと未来の姿が浮かんでくるというが、ここに見えるのは、ホログラフィーを使った未来の立体テレビだ。交差するレーザービームによって、動く立体像を作り出す。

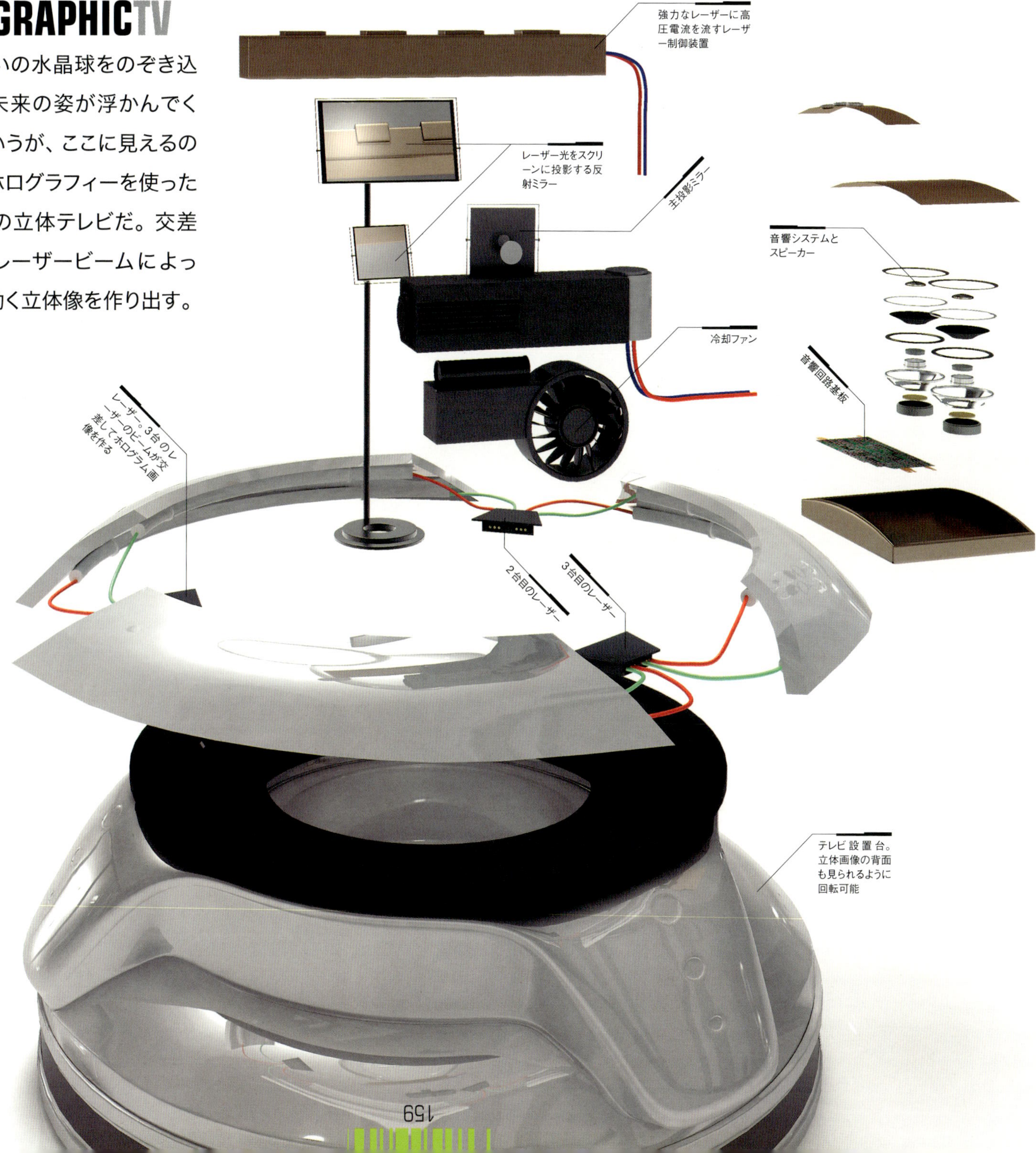

快楽中枢

動物を使った実験には限界があるが、人間に有益なヒントを与えることも確かである。1954年、米国の科学者、ピーター・ミルナーとジェームズ・オールズが行った実験は、ネズミがスイッチを押すとそのネズミの脳に電気ショックを与えるというものだ。その結果は、ネズミがショックを嫌がるどころか、それを好むというものだった。スイッチを押した回数は1時間に2000回を超えた。ショックによって脳がドーパミンという快楽を与える化学物質を分泌したためだった。人間の脳も同じような快感物質を分泌する。人間が楽しいことを繰り返すのはこのためかもしれない。

創造的な遊び

誰にでも創造力はある。それは難しいことではない。物事を今までにない、意表をついた、面白いやり方でするということだ。上の造形は、その3要素を含む好例だ。南アフリカ生まれのジェニファー・ミースターが無数の鉛筆で作った。

仕事か遊びか

創造性を発揮できる方法で仕事をしているときは、遊びに近い感覚を覚えて楽しくなる。机の飾りつけといった単純なものでも、自分にしかできない仕事でそのやり方を考え出すといったことでもよい。例えば、料理人は料理を皿に盛り付けるときに、最もやりがいを感じることが多い。

幸せな脳

このスキャン画像は、人間が幸せ、怒り、悲しみを感じているときに、脳のどの部分が活動しているかを示している。科学者によると、これらの感情は複雑で、脳の活動がさまざまな形で組み合わさって生み出される。

遊びの時間

シュートするサッカー選手。舞台いっぱいに舞うダンサー。無心に鍵盤をたたくピアニスト。彼らは力を出し切っている。好きなことをやっているときは、それが仕事であっても遊んでいるように感じられる。それにしてもなぜ遊びが必要なのか、どうしてそれほど楽しいのか。子供は遊びを通して世の中の仕組みを発見する。大人もまた遊ぶ。なぜ大人も楽しむのか、その理由を見いだそうと、科学者は研究を続けている。

エンドルフィン

私たちの身体が極限状態にさらされると、脳からエンドルフィンという自然の麻薬成分が血液中に分泌され、気分が良くなる。科学者は、人々がスカイダイビングやロッククライミングなどゾクゾクするような活動に挑戦するのは、エンドルフィンの分泌で快感を覚えるためだろうと考えている。

余暇の過ごし方を学ぶ

仕事のストレスは重い健康障害を招くことがある。それでもなかなかリラックスしづらく、休暇を取るのにも決心がいる。このような絵はがきやポスターは、余暇をどう過ごしたらよいかのヒントになるかもしれない。

グランドピアノ

STEINWAYPIANO

演奏者は、楽器の可能性を超えることはできないといわれる。だから最高のピアニストは最高のピアノを求める。世界中のプロの多くが選ぶのがスタインウェイで、その秘密は1000カ所に及ぶ細部のつくりにある。

その外板は11種類の木材から選択することが可能だ。蜂の羽のような模様が付いた、重厚な金色のサテンノキから、黒光りする黒檀（こくたん）まで、好みによって選べる。外板はすべて1本の木から切り出され、完全に磨き上げられる。こうした念入りな職人技によってスタインウェイ・グランドピアノは、ビンテージカーやすぐれたワイン、金さえもしのぐ高い価値を保つ。丹精込めて手作りされるので、この楽器は完成まで1年かかる。そして一生涯使える。

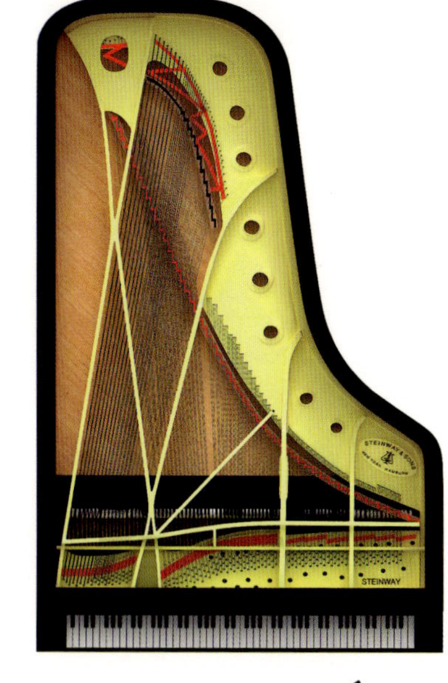

鋳鉄（ちゅうてつ）のフレーム

ピアノに欠くことのできない部品の一つが、重い鋳鉄に穴を開けたフレーム（右の黄色い部分）だ。200本あまりの弦が内側に引っ張る力は20トン以上になる。3頭の象の重さと同じだ。この鉄板がないとピアノは内側につぶれてしまう。

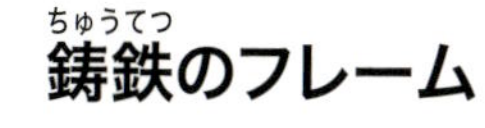

ピアノバンク

スタインウェイは北米に300台のピアノを保管しており、ピアニストは演奏用に借りることができる。近くの店で好みの1台を選ぶだけでよいのだ。写真は人気の中国人ピアニスト、郎朗（ランラン）（1982年～）がニューヨークのスタインウェイ社の地下室でピアノを試しているところ。

主な仕様

長さ	274cm
幅	156cm
重量	480kg
価格	800万円～1940万円

LOOK INSIDE
分解してみたら

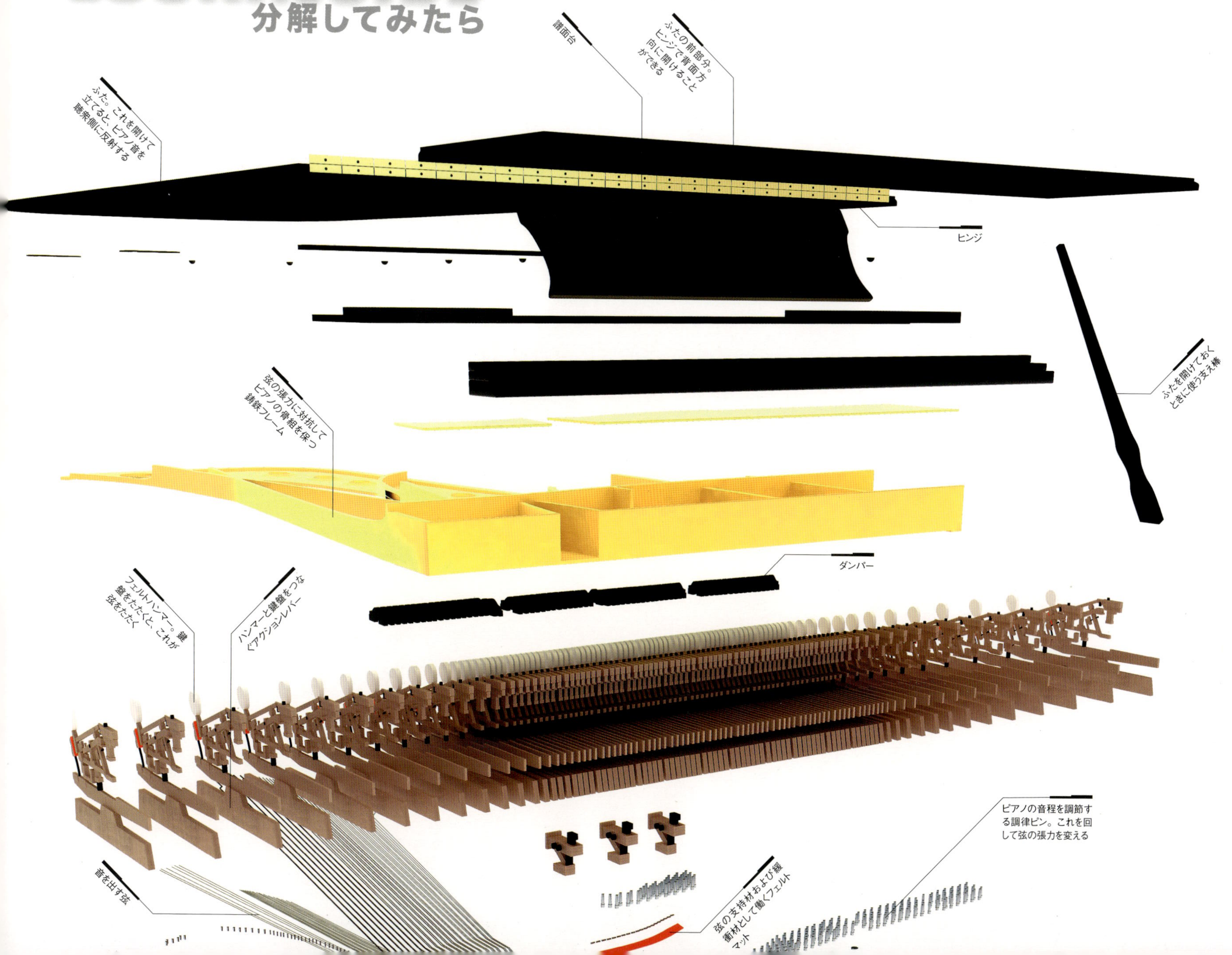

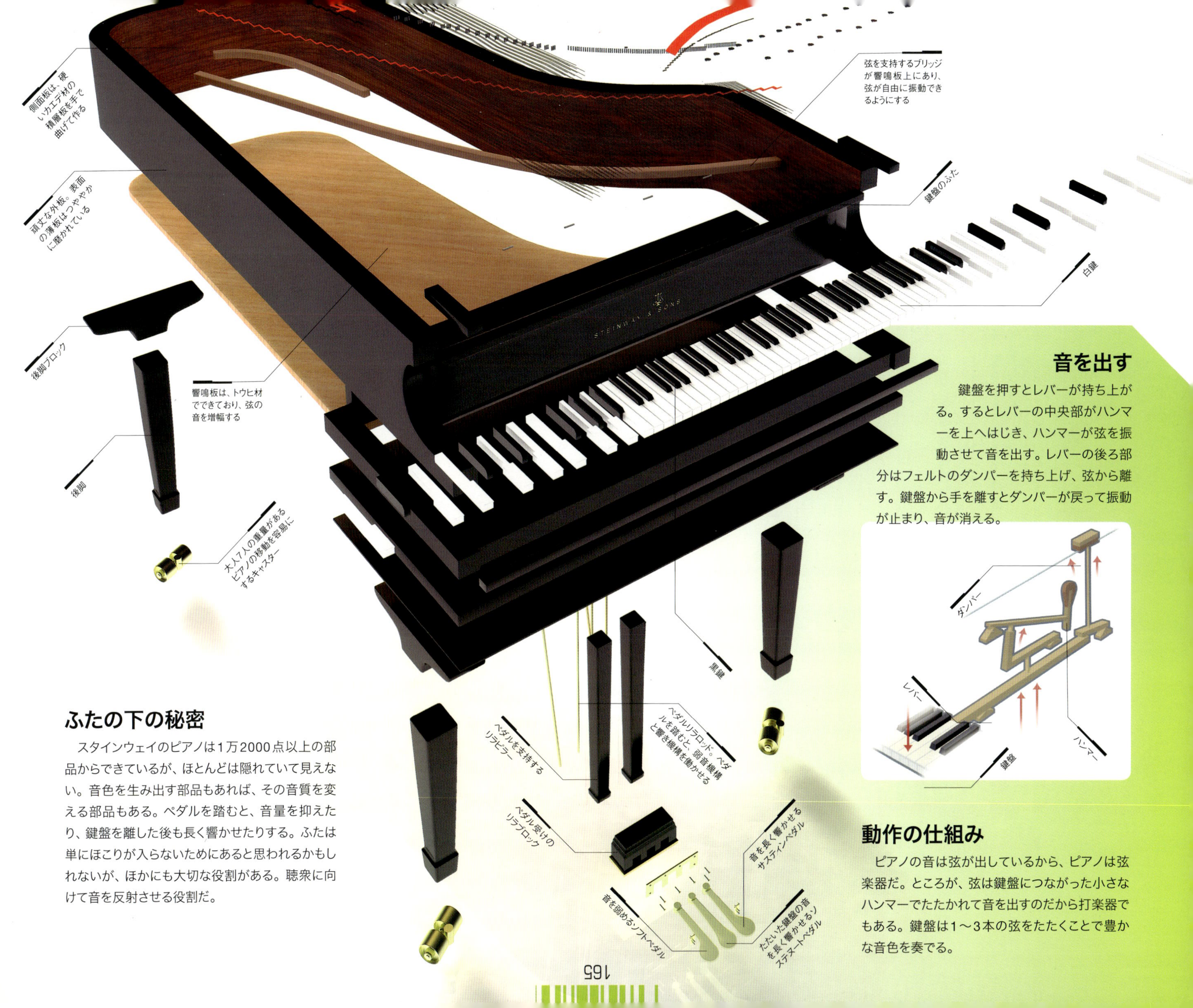

音を出す

鍵盤を押すとレバーが持ち上がる。するとレバーの中央部がハンマーを上へはじき、ハンマーが弦を振動させて音を出す。レバーの後ろ部分はフェルトのダンパーを持ち上げ、弦から離す。鍵盤から手を離すとダンパーが戻って振動が止まり、音が消える。

動作の仕組み

ピアノの音は弦が出しているから、ピアノは弦楽器だ。ところが、弦は鍵盤につながった小さなハンマーでたたかれて音を出すのだから打楽器でもある。鍵盤は1～3本の弦をたたくことで豊かな音色を奏でる。

ふたの下の秘密

スタインウェイのピアノは1万2000点以上の部品からできているが、ほとんどは隠れていて見えない。音色を生み出す部品もあれば、その音質を変える部品もある。ペダルを踏むと、音量を抑えたり、鍵盤を離した後も長く響かせたりする。ふたは単にほこりが入らないためにあると思われるかもしれないが、ほかにも大切な役割がある。聴衆に向けて音を反射させる役割だ。

ピアノ演奏

モーツァルトやベートーベンなど偉大な作曲家の多くは、すぐれたピアニストでもあった。しかし、ピアノはクラシック音楽を演奏するためだけではない。教会から学校、バーまで、ピアノはどこでも目にすることができる。これだけ人気のある理由の一つは、88鍵という広い音域だ。両手でそれぞれ別のメロディーを弾くことができるが、それもほかの楽器にはまねができない。

ピアノーラ

自動ピアノ（ピアノーラ）は、ピアノ曲を聴くのが好きだが自分では演奏できない人のために、19世紀後半に発明された。手の込んだこの自動機械は巻紙に開けられた穴の模様を読み取って演奏する。

シンセサイザー

フランスのジャン・ミッシェル・ジャール（1948年〜、右）は、1970年代に電子音楽を広めるのに大きな役割を演じた音楽家だ。彼が演奏するシンセサイザーは電子キーボードで、想像し得るどんな音も出せるし、現実音を今までにない方法でいじることもできる。電子音楽が始まったのは20世紀初期、ラジオ部品から電子楽器がはじめて作られたときまでさかのぼる。

ピアノの歴史

スピネット

スピネットなど初期の鍵盤楽器は、弦を引っかいて音を出した。機構は単純で、鍵盤を押さえるとそれぞれ違った弦がはじかれる。スピネットの鍵盤数は現在のピアノの約半分で、17世紀初期から使われた。

ハープシコード

ハープシコードはスピネットより大きく複雑になっているが、やはり弦を引っかいて音を出す。その響きは美しいが、音に強弱はつけられない。

バルトロメオ・クリストフォリ

現代のピアノの発明者はバルトロメオ・クリストフォリ（1655～1731年）だというのが衆目の一致するところだ。イタリア人のクリストフォリは、フィレンツェのフェルディナンド大公のためにハープシコードの維持管理をしていた。クリストフォリのフォルテピアノは54鍵しかなかったが、複雑で高価なため、なかなか普及しなかった。現存するのはわずか3台だ。

J. S. バッハ

ピアノ音楽が広まったのはドイツの作曲家、ヨハン・セバスチャン・バッハ（1685～1750）が『平均律クラヴィア曲集』という48曲の小品集を出してからだ。『前奏曲とフーガ』として知られるこれらの曲は、当時あまり普及していなかった、ピアノという楽器の輝かしい可能性を示した。

ジョン・ケージ

音楽家たちは今でもピアノの新しい使い方を模索している。米国人で20世紀の革新的な作曲家だったジョン・ケージ（1912～1992年）は、「プリペアドピアノ」の使用を広めた。この中にはナットやボルトその他をピアノの弦にはさむという前衛的な方法で音色を変えたものがある。

フォルテピアノ
バルトロメオ・クリストフォリはハープシコードを改良し、強弱を付けられる、汎用の楽器に進歩させた。これが「強弱が付けられるハープシコード（グラビチェンバロ・コル・ピアノ・エ・フォルテ）」と名付けられたものだ。フォルテピアノとして知られるこの楽器は、現在のピアノより小型で音も小さい。

アップライトピアノ
レコードが発明される以前、多くの酒場ではピアニストを雇っていた。彼らが弾いたのがこのようなアップライトピアノだ。音を出す機構は直立のケースにコンパクトに収められた。

現代の電子ピアノ
このような卓上キーボードは電子回路とスピーカーを使って音を出す。可動部分がほとんどないため、ピアノよりはるかに安価だ。

エレクトリックギター

GIBSON ELECTRIC GUITAR

6弦の響き

木製で中空の胴をもつ伝統的なアコースティックギターは、どのような弾き方をしても音色の違いはあまりない。弦をつま弾けば、ギターが振動している間だけ音が続く。ところがエレクトリックギターは大違いだ。6本のスチール弦が多彩な音色を生み、とてつもない低音やスタッカートのリズムから、金切り声のような高音まで出せる。音は電気的に作られるので、演奏者が好きなだけ長く響かせることができる。

主な仕様

材質	マホガニー、メープル、ローズウッド
弦	アルミ、ニッケル、コバルトの合金線6本
寸法	ネック長63cm
調整つまみ	音量調整2、音質調整2
重量	約4.5kg

1928年、米国の機械工ポルフスの13歳になる息子レスター（レス・ポール）が独力で世界初のエレクトリックギターを作った。彼は木製のギターにシャツやタオルを詰めこんで響きを消し、古くなった蓄音機や電話器の部品をそれに取り付け、電力出力をラジオのスピーカーにつないだのだ。

こうした手製の楽器を使い、レス・ポールは後にエレクトリックギターの達人といわれるまでになった。彼は常に新しいことに挑戦を続け、1950年代に米ギブソンギター社と協力して、先駆となるギブソン・レスポールを開発した。この楽器は今でも世界で最も人気のあるギターの一つだ。

長いネック

ギターはどれも長いネックを持っている。それはなぜだろうか。弦の長さでその楽器が出せる音程（周波数）が決まるので、あまりネックを短くできないのだ。長い弦は短い弦よりも音域が広くなり、演奏法も多彩になる。

LOOKINSIDE
分解してみたら

ピックアップの動作
ピックアップ内部の磁石が発生する磁場（磁気パターン）が弦を横切る。弦が動くと磁場を横切るので、磁場は変化する。磁場が変化すると、ピックアップの周囲に巻かれたコイルに電流が流れる。

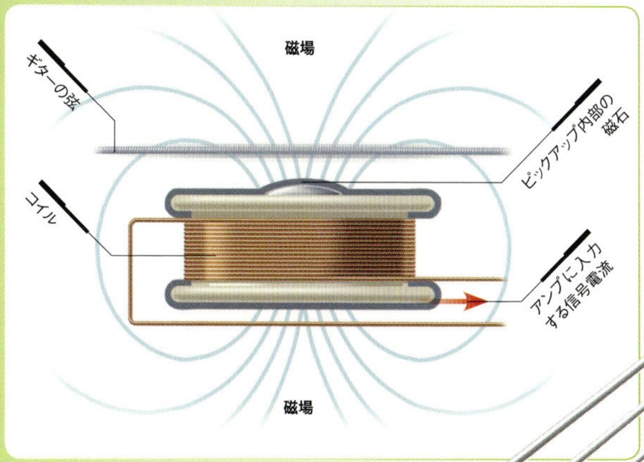

動作の仕組み
標準的なエレクトリックギターは、ピックアップという2個の電磁素子を使って音を出す。弦を弾くと、ピックアップがその振動を感知し、電気信号を発生する。この信号がギターに接続されたアンプに入力され、アンプはそれを増幅し、十分に聞こえる音量にする。

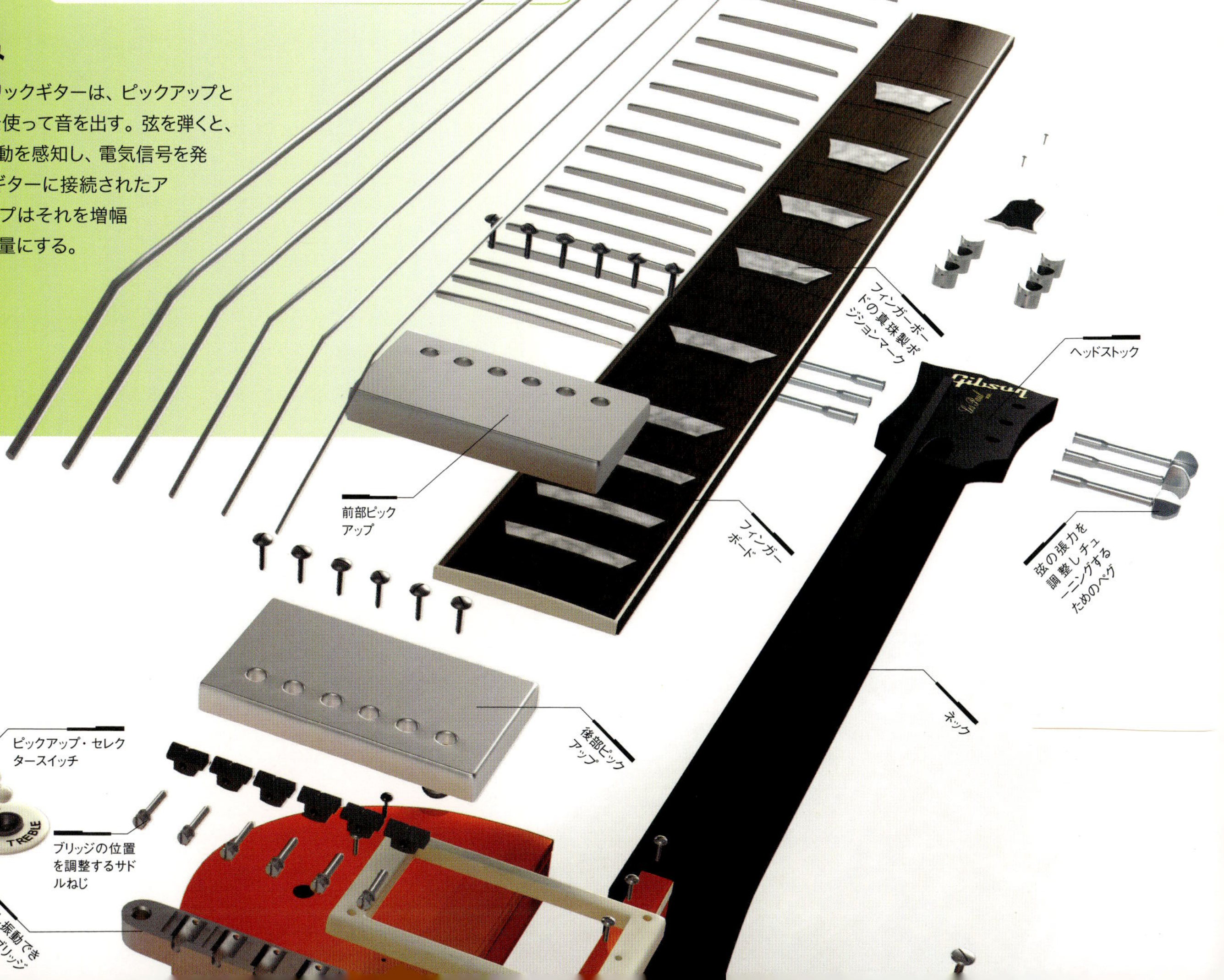

弦とピックアップ
エレクトリックギターは、頑丈な木製のネックにより、弦をピンと張っている。大きな胴体は、抱えやすく演奏しやすい形に作られる。弦の下にピックアップがあって電気信号を出力する。この信号が簡単な回路を通してアンプに伝えられる。この回路は胴体内部にあり、外からは見えない。

弦をケースに固
定するテールピ
ース
ブリッジ取り
付け部
ピックアップ
取り付け部
前部ピックアップ用
音量つまみ
ピックガード
後部ピックアップ用
音量つまみ
後部ピックアップ用
音質つまみ
前部胴体
前部ピックアップ用
音質つまみ
内部配線と電子回路
ストラップ付け
アンプ接続
出力端子

世界中で人気の楽器

人間は先史時代から身近な材料で楽器を作り、音楽を奏でてきた。ほら貝から作られた角笛は、数千年間使われてきた。1990年代には、熊の骨をくり抜いた4万5000年前の横笛が発見されている。このように、石器時代の人々は独創性に富んでいたとはいえ、エレクトリックギターに匹敵するようなものは作れなかった。何しろ、これはスタジアムを揺るがすような大音量を出せる楽器なのだから。

怒るようにほえる音も、そっとやさしい音も出せるギターは、ロック、ソウルからジャズやフォークまで、どんな種類の音楽にも向いている。しかも持ち運びできる大きさだ。万能の楽器、ギターは世界中で愛されている楽器といっても言いすぎではない。

レス・ポール

2009年8月に94歳で亡くなったレス・ポールは、世界で最も愛されたギタリストの一人だ。晩年は関節炎のため、かつてのようなコードの弾き方はできなかった。それでも91歳で出した最新アルバムで、2006年グラミー賞に輝いた。

色とりどりのギター

まずアコースティック（クラシック）ギター（上）を習ってから、エレクトリックギターに移る人が多い。アコースティックギターは音が小さいが、アンプを使わないので、安価だし持ち運びが容易だ。

ギターの祖先

エレクトリックギターが発明されたのは20世紀になってからだが、その元になった6弦のアコースティックギターは、それより100年ほど前に作られた。こちらはマンドリンやリュート（右）のような弦楽器が進化したものだ。ルネサンス期の欧州で人気があったリュートの祖先は古代エジプト時代までさかのぼることができる。

伝説のギタリスト

エレクトリックギターが奏でるのは音楽だが、同時にメッセージを伝えてきた。騒々しく反抗的な、エレクトリックギター主体のロックは1950年代から若者たちの人生の伴奏音となってきた。誰一人として同じ響きを出す演奏者はいない。ローリングストーンズのキース・リチャード（左）のようなギターの名手には、明確な演奏スタイルがある。

スパニッシュギター
スパニッシュギターやクラシックギターには主にナイロン弦が使われる。

ギターシンセサイザー
一風変わったこのローランドG-707（下）は80年代のものだ。ギターとして弾くこともできるが、シンセサイザー音も出せる。

12弦リッケンバッカー
12弦ギターの音色は6弦よりもずっと豊かだ。このようなギター（左）はビートルズによって広まった。

オットウィン4/6
この変わった楽器（右）は2本のギターが合体したものだ。左半分は4本弦のベースギター、右半分は6本弦のギターだ。

ギターの製作

エレクトリックギターはたいていプラスチックの塊（かたまり）から成型されるが、ギブソンのような一級品やアコースティックギターは今でも手作りである（左）。アコースティックギターの木製の側板は、熱したパイプにかぶせて巻くようにして曲げる。

ギター各種

エレクトリックギターにはいろいろな種類がある。メロディー（主旋律）を奏でるギターは6本か12本の弦を持つ。ベースギターは弦が4本で低い太い音を出す。エレクトリックギターとアコースティックギターの混ざった音を出すものもある。

レゴロボット

LEGOROBOT

人間のように歩くロボットを組み立てることは可能だろうか。それはロボット学者が取り組んでいる最も難しい課題の一つだが、レゴマインドストームのキットを使えば、あなたも挑戦することができる。脳に相当する、プログラム可能なコンピューターと519個のプラスチック製胴体パーツがセットになったものだ。206本の骨と700の筋肉から成る人間のような洗練された動きはできないが、いずれ可能になるかもしれない。

感じる手先

工場の機械のような、このロボットアームは、赤色と青色の球を区別できる。かぎ爪が球をつかむと、その光センサーが色を計測する。もし赤色なら爪を閉じたまま運び去る。もし青色ならば、かぎ爪を開いて球を落とす。

主な仕様

センサー	触覚、音、光、超音波
プロセッサー	NXTコンピューターは3個のモーターと4個のセンサーに接続可能
動力	単3電池6個
コンピューター接続	USBまたはBluetooth（ブルートゥース）

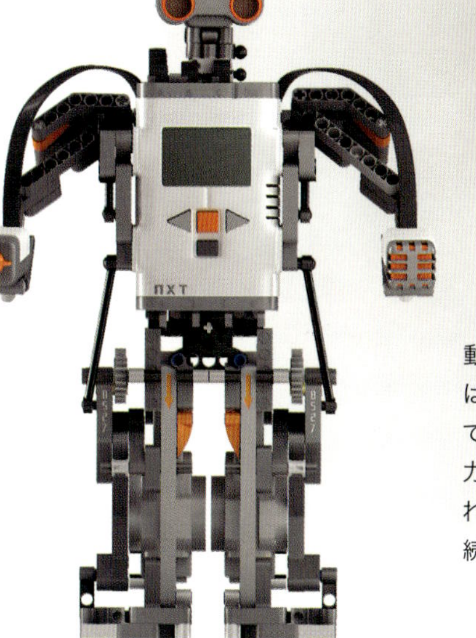

最初の一歩

このレゴロボットは人間のように歩くが、動作はあくまで機械だ。筋肉の役をするのは電動のサーボモーターで、動きは滑らかでとても正確だ。脳の代わりをするのが強力なNXTコンピューターで、胸部に収納されている。これを外部のコンピューターに接続して、命令をロボットに覚えさせる。

LOOK INSIDE 分解してみたら

ブロック集団

6種の基本レゴブロックの組み合わせ方は9億1500万通りある。だからこの図にあるピースだけを使って、どれくらいの違ったロボットを作れるか、想像もできないほどだ。レゴマインドストームは1998年に開発され、2006年にはレゴNXTに進化した。

肩を構成する曲がりブロック

上腕を構成する直線ブロック

サーボモーターの動力を伝える歯車

部品を回転させる車軸

脚を動かす歯車

部品同士をつないで固定するピン

腕の先端に付く触覚センサー

腕と脚を制御するサーボモーター

表示スクリーン

動作の仕組み

大まかに言えば、ロボットの動作はコンピューターと同じようになる。その頭脳としてコンピューターを使用しているからだ。ボールをける場合、ロボットは入力、処理、出力の3段階を経なければならない。人間も同じようなやり方をするが、人間の場合は知覚、認識、行動という。

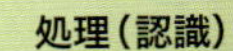

入力（知覚）

まずロボットは、近づいてくるボールのような物体を見分ける必要がある。色、形、動きでロボットはボールと周囲の物体との違いを知る。

処理（認識）

ボールだと認識すると、ロボットはどう行動すべきかを決める必要がある。これはコンピューターにプログラムされた命令手順に従って行われる。

出力（行動）

プログラムはロボットに足を前方に動かしてボールに当てろと教える。ロボットはサーボモーターによってボールを正確にけることができる。

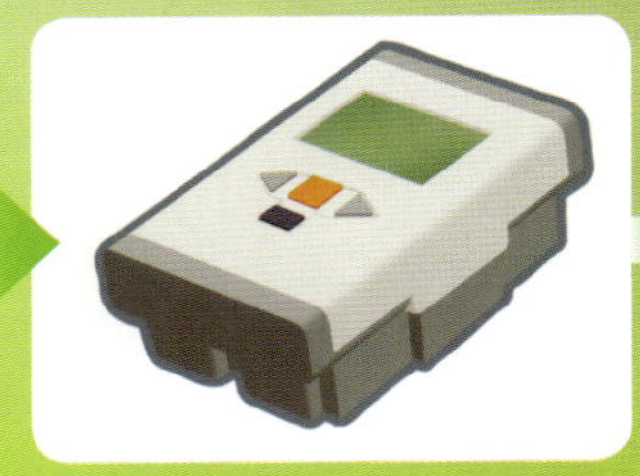

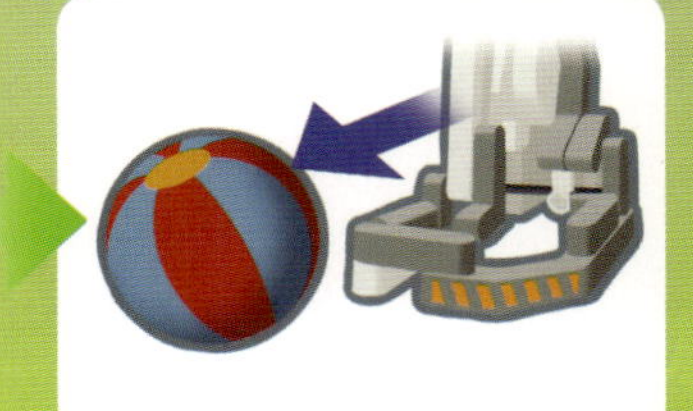

目の働きをする超音波センサー
歯車
頭を回すサーボモーター
部品同士をつなぐ穴
センサーとモーターをNXTコンピューターに接続するケーブル
NXTコンピューター中のマイクロチップ
コントロールスイッチ
ロボットを音に反応させる音センサー
NXTコンピューター用外部ケース

ロボット文化

ロボットは未来からの訪問者のように見えるが、実は過去からなじみのものでもある。古代ギリシャ人は2000年以上前に、蒸気駆動のオートマトン（自動機械）を持っていた。「ロボット」という言葉ができた1938年からは、恐ろしい金属製のモンスターが小説や映画に登場した。

今でもロボットというと、怪物が力にまかせて世界を牛耳る光景を思い浮かべる人が多いが、現実はそうではない。ロボットは車の溶接、工場内の搬送、病人の介護など、人間を助ける側で活躍中だ。敵どころか、味方なのだといっていい。

マジックマイク

この「マジックマイク」のようなおもちゃロボットが1950年代から60年代にかけて大ヒットした。ちょうどロボットがSF映画やテレビに登場し始めたころだ。マイクはしゃべり、電子音を発し、ゴロゴロと車で動き、目をピカピカ光らせ、手を開いたり閉じたりした。

メトロポリス

1926年にドイツで作られた映画『メトロポリス』はロボットを主役にした最初の映画の一つだ。2026年の荒涼とした未来都市が舞台で、地下都市で働く労働者に反乱を起こすよう鼓舞するロボットを描いている。

トランスフォーマー

スティーブン・スピルバーグ製作の映画『トランスフォーマー』の主役は、車、トラックや、現実世界の機械に変身できるロボットだ（右）。多くのロボットのキャラクターと同じように、この映画のロボットも人間のような感情を持つと同時に、並外れた力を備えている。

産業ロボット

ロボットは1961年以来、自動車生産に役立っている。この年、ゼネラルモーターズのニュージャージー工場ではじめて産業ロボットが使われた。産業ロボットに胴体はいらない。コンピューターで制御された1本のアームで仕事をこなす。

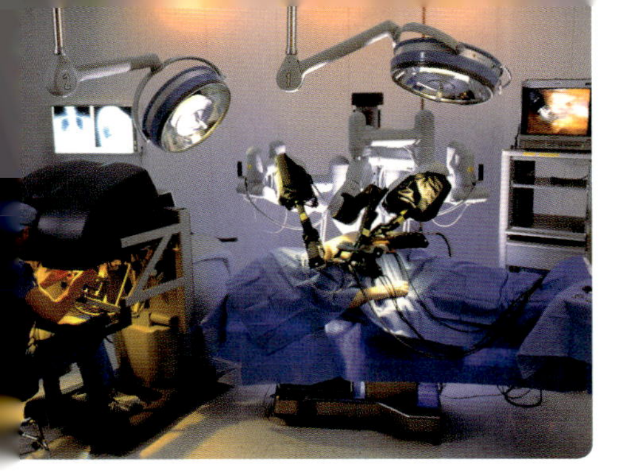

ロボット手術

難しい手術をするときには名人の外科医を呼びたいところだが、手術を要する患者とは別の国にいる場合、どうしたらよいだろうか。ロボット手術がその解答になるかもしれない。外科医はビデオゲームのようなコンソールの前に陣取り、地球の反対側にいるかもしれないロボットを操る。外科医が制御卓を操作すると、ロボットがその命令通りにきわめて正確に手術を実行する。

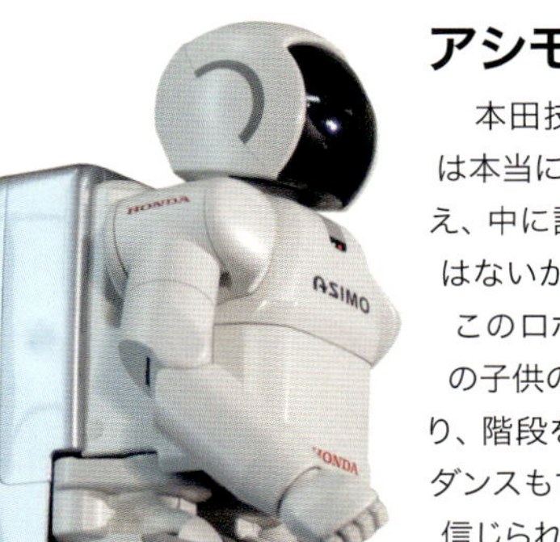

アシモ

本田技研工業の「アシモ」は本当に生きているように見え、中に誰か隠れているのではないかとさえ思わされる。このロボットは10歳くらいの子供の大きさで、歩き、走り、階段を上り、体を揺らし、ダンスもするが、その動作は信じられないほど人間そっくりだ。充電式のバッテリーを使い、1回の充電で1時間動く。

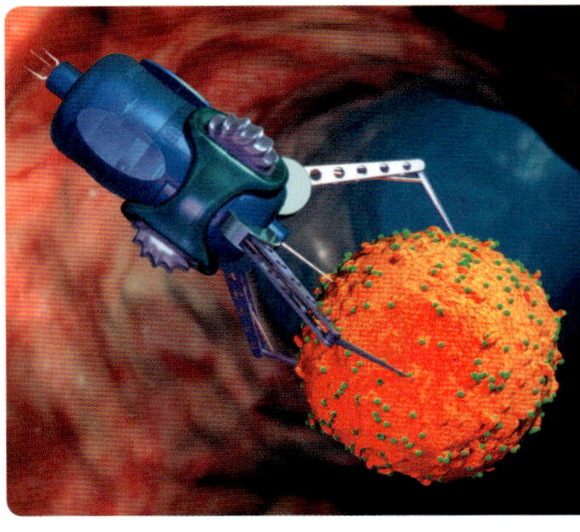

ナノロボット

いずれ超小型のロボットが開発され、体内に注入できるほど小さくなるだろうと科学者は考えている。このナノロボット（あるいはナノボット）は、ウイルスをやっつけたり、複雑すぎて医者が体外から処置できない病気を治したりする。

ロンドンアイ
LONDONEYE

テムズ川の南岸にそびえ、ゆっくりと回転する観覧車ロンドンアイ。その直径は、自転車の車輪の150倍もある。円周上には流線型のガラスカプセルが32個付いていて、いちどに800人が乗ることができる。その頂点からは、全ロンドンの素晴らしい眺望を楽しめる。

綱のつり合い

自転車に乗った人の体重はまずフレームにかかる。フレームはスポークに支持された車輪が支える。ロンドンアイは自転車をひっくり返してサドルで支えたような形だ。車輪とカプセルを合わせると象300頭以上の重さがある。これらをスポークとハブで支え、ハブを地面から立てたフレームで支えている。

ミレニアムの輪

ロンドンアイはミレニアム（千年紀）を記念して建てられ、1999年大晦日の大がかりな花火と共に公式オープンした。川に浮かぶはしけから、2000発の花火が正確なタイミングで次々と打ち上げられた。あたかも炎のカーテンが川を上ってくるようだった。そして締めくくりは主催者が宇宙からも見えるようにと意図した巨大な花火（上）だった。

主な仕様

頭頂部の高さ	135m
カプセル重量	1基11トン
総重量	2300トン
回転速度	時速0.9km
回転時間	約30分

鋼製フレーム

テストの繰り返し
ロンドンアイの吊り上げの前に、クレーンの強度が試験された。観覧車を島につなぎ、クレーンで上方に思い切り引っ張って、どのクレーンも壊れないことを確かめた。

ロンドンアイの建設

ロンドンアイの部材は欧州の6カ国で製造され、船でロンドンに運ばれた。それらはテムズ川に臨時に作られた島の上で、クレーン船を使って組み立てられた。ちょうど組み立て家具のようなものだ。こうして完成した構造物を、油圧ジャッキを用いて1日で立て起こすという大胆な工法が採用された。

立て起こし
油圧ジャッキによる引き起こし。シアレッグと呼ばれる脚フレームにかけ渡したケーブルを引っ張った。

積層ガラスパネル

ロンドンアイは旧来の観覧車よりはるかに魅力的だ。ゆったりしたガラスカプセルは密閉式で、完全な空調装置を備え、その下にある機構で水平に保たれる。機構部分はすべて床下にあるので、360度の視界をさえぎられず、40km先までの眺望が楽しめる。

非常用バッテリー2基

カプセルを駆動するモーター

自動水平維持装置

遊園地

あまりのスリルに我を忘れるすごいアトラクション。空中に投げ出されたり、高速で振り回されたりする乗り物には、昔から人気がある。高く持ち上げられて見る世界は、感動的である。体をひねり、ひっくり返される動きが続くと、不安に襲われる。だが、安全に設計された乗り物ならば、スリルを十分に味わうことができる。

初代の観覧車

最初の観覧車（右）は、鉄のフレームに木の客車を付けたもので、大きさはロンドンアイの輪の半分だった。1893年、米国の橋梁製造業者、ジョージ・フェリス（1859～1896年）が建設したものだ。費用は40万ドル（現在の価格に換算して約8億円）だった。

氷のローラーコースター

15世紀、ロシアで作られた最初のローラーコースター（下）は、今にも壊れそうな階段を100段よじ登ったあと、氷とわらで出来たソリに乗って、時速80kmでシューッと滑り降りるものだった。

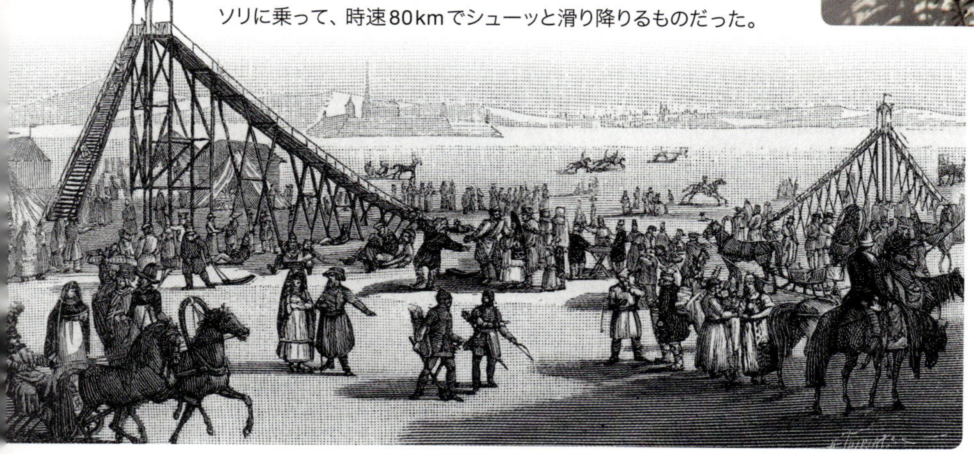

近代的コースター

このようなローラーコースター（右）が20世紀前半の米国で次々と造られた。近代ローラーコースターのパイオニア、ジョン・A・ミラー（1874～1941年）の手になるものだ。その車体には安全ブレーキがついていて後戻りするのを防ぎ、軌道の下にも特別な車輪があって、車体が急カーブで脱線しないようにした。

木造ローラーコースター

米カリフォルニア州のロア（左）のような木造のコースターは、わざとがたがた揺れるように造ってあり、まさに恐怖の乗り心地だ。スタートから終点までわずか2分だが、その間1km以上のよじれた軌道を時速80kmのスピードで走り抜け、重力の3.5倍の力を体験する。

金属製コースター

超強度鋼でできたローラーコースター（左）は強固で、木製のものよりずっと急なねじれ軌道や、らせん宙返りが可能だ。重力による加速だけで時速160kmに達する。

ゾービング

ゾービングは軌道のないローラーコースターのようなものだ。車両に座る代わりに、弾力のある巨大なボールの内側に結わえ付けられ、丘を転がり落ちる。ボールが谷底で止まるまで、体は回転し続ける。

キングダカ

世界でいちばん高く、速い乗り物は米ニュージャージー州の「キングダカ」だ。自由の女神の3倍以上の高さから垂直の軌道を下降して時速200kmという信じられない速度に達する。

くるくる回る

ローラーコースターと観覧車以外にも、スリルを味わえる、たくさんの種類の乗り物がある。よく見かけるスターフライヤー（上）は、地上90mの巨大な塔の上で一度に24人を振り回す。

LSIチップ表面の電子顕微鏡写真。色の付いた線が並んでいるが、これはチップ上の機能ブロックをつなぐ配線だ。

デジタル
技術

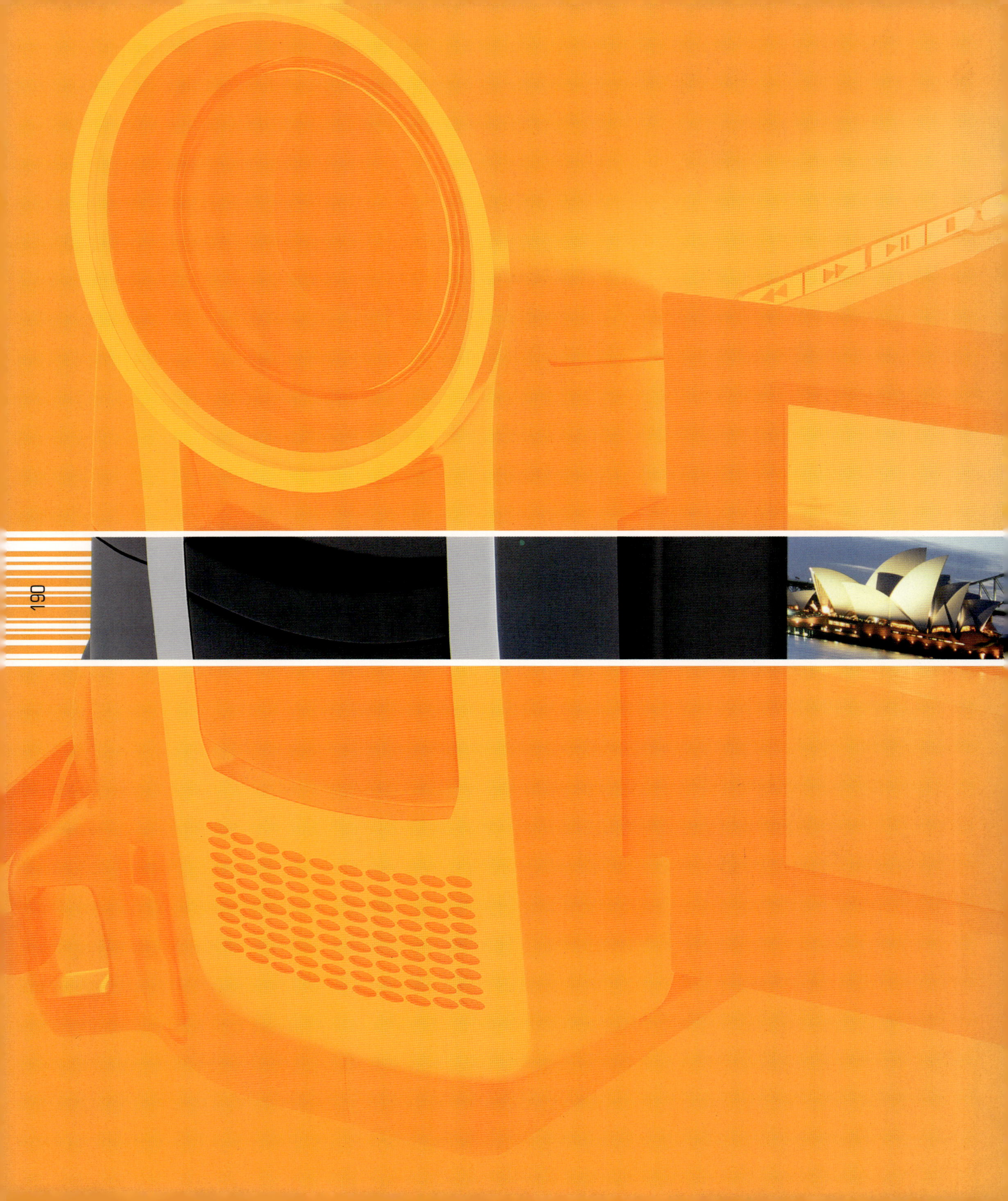

電子の工場

電子装置の中をのぞいてみよう。そこには、歯車、レバー、エンジン、車輪のような機械部品は見当たらない。肉眼で見るかぎり、内部では何事も起きていないかのようだ。しかし、もし原子の世界まで拡大して見ることができれば、ノートパソコンや携帯電話機の中は、まさに工場のような活気に満ちていることがわかるだろう。

実際には原子の様子を見ることはできない。それは髪の毛の100万分の1よりも小さいからだ。この極微の世界を縦横無尽に飛び回って仕事をしているのが電子で、その運動が電気のもとになっている。

私たちが電子メールを送り、電話をかけ、デジタル写真を撮るたびに、電子回路は活気づき、何億という微小な電子が兵隊の行進のように動き回る。通常の装置では、そのありさまを直接に見ることはできないが、それが電子装置の中で起きていることなのだ。

より薄く軽く

携帯電話機にはますます多くの機能が詰め込まれ、年々薄く軽くなっている。1980年代前半の携帯電話機は大きさがレンガほどもあり、重さは800グラムもあった。丈夫で軽いプラスチックの採用により、現在のタッチパネル型電話機の重さは6分の1に減り、ポケットに入るサイズになった。

携帯電話

MOBILEPHONE

手でさわるのは自然な行為だ。私たちは本能的に、欲しいものに手を伸ばす。それは赤ん坊が最初に覚える行動である。今、この魅力あふれる携帯電話機を使いこなしている人は多い。手間のかかるキーボードの代わりに、タッチパネル式の画面には色とりどりの絵や文字が流れる。画面をさわればあっという間に、電話機からインターネットブラウザへ、カメラへ、電子新聞へ、音楽プレーヤーへと変身する。

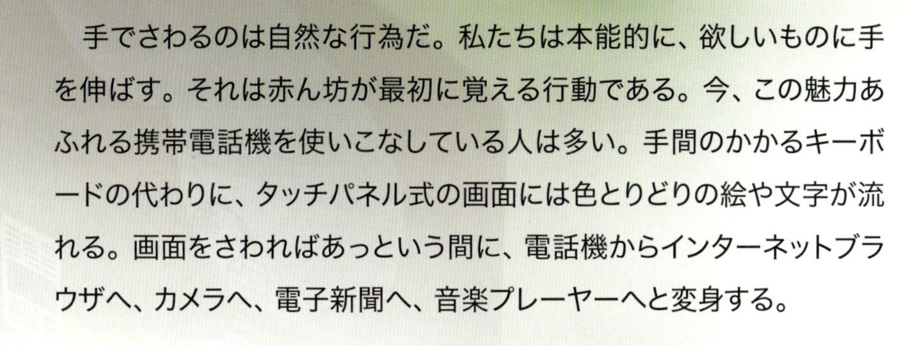

主な仕様

寸法	115mm×61mm×12mm
重さ	130g
画面	3.5インチ型カラー、タッチ入力方式
カメラ	800万画素
バッテリー	リチウムイオン。8時間通話可能

ポケット・コンピューター

最近の携帯電話機は、携帯機器であることに違いはないが、もはや単なる電話機ではない。タッチスクリーンを備えたことで、携帯コンピューターと言ってもいいほど、応用分野が広がった。通常は電話をつないでいる無線でインターネットに接続して、電子メールを送ったり、ウェブサイトを閲覧したり、音楽や動画をダウンロードしたりすることができる。

多重構造のパネル

携帯電話のタッチスクリーンは、たくさんの層を重ねて作られている。いちばん下は液晶ディスプレイ（LCD）で、画素（四角いカラー領域）の色を変えて画像や文字を形作る。その上が透明なタッチパネルの層だ。そのほかにもさまざまな層があり、保護層は、LCDやタッチパネルを衝撃や引っかき傷、湿気、ほこりなどから守る。

内も外も配線なし

携帯電話には配線コードがない。従来の固定電話と違い無線を使うので、壁の接続端子につなぐ必要がない。電話機の内部にもほとんど配線がない。大部分の部品は、金属のプリント配線で覆われたプラスチックの回路基板に、はんだ付けで電気的に接続されている。残る液晶画面のような部品も回路基板に直接差し込まれるか、きわめて短い導線でつながれている。

動作の仕組み

初期のタッチスクリーンはいちどに1本の指しか検出できなかった。最新のものはマルチタッチ式になっていて何本でも検出できる。スクリーンを指でさわると、その近くの電場が変化する。スクリーンの内部の層には格子状のセンサーがプリントされていて、センサーにつながる外部回路が電場の変化をとらえ、どこを押したかを認識する。

電話革命

世界の人口は60億人以上で、携帯電話の台数は30億台以上だ。毎分1000人以上が、はじめて携帯電話を購入し、ユーザーの仲間入りをしている。携帯電話の普及速度は目を見張るものがある。最初の10億人に広まるまで20年かかったが、最近の10億人が購入したのはわずか2年間のことだ。地域によっては、人口よりも携帯電話の台数のほうが多い。

初期の携帯

1985年の携帯電話はこんな機械だった。受話器（普通の受話器とほぼ同じ）は、持ち運びはできるものの、重い箱につながれていた。箱のほとんどは電池が占めていた。アンテナは電波の弱い地域で受けるときに伸ばして使った。

木に似せた通信塔

通信塔は携帯電話と電話網とをつなぐものだ。通信塔をきちんと機能させるためには、丘の上や高い建物の上などに設置する必要がある。普通の通信塔は、テレビアンテナのようなもので、殺風景に映る。これはプラスチック製の偽の枝をつけて、木に似せている。

リサイクル

多くの人が携帯電話を18カ月程度で買い換える。しかし、適切にリサイクルされているのは世界中で4%に過ぎず、ほとんどがそのまま処理場に投棄されている。プラスチック製のケースは分解するのに500年かかる。電池や電子部品は、カドミウム、水銀、鉛などの有害金属を環境に放出する可能性がある。

世界の人気者

携帯電話のキーボードは、機能ボタンが文字や言葉でなく、シンボルの絵で表されるようになった。そのためどんな国の人でも理解できる。第二世代（2G）では欧州のGSM方式が世界的に普及し、第三世代（3G）はW-CDMAとCDMA2000に統一された。

人体への影響

携帯電話は人体に危険なのか。科学者たちの結論はまだ出ていない。携帯電話利用者の脳腫瘍リスクは高いとする研究がある一方で、影響はまったくないとする研究もある。この画像は携帯電話を使用しているときの脳の活動の変化を示したものだ。

財布代わり

携帯電話は単なる移動電話ではない。カメラであり、音楽プレーヤーやゲーム機でもある。日本では、インターネットにつながるシステムで、電子メールを送ったり、ウェブサイトを閲覧したりしている。財布の代わりをする電話機もあり、買い物のときレジでかざすと支払いができる。

運転中は禁止

携帯電話をしながら車を運転すると、事故を4倍起こしやすい。そのため運転中の携帯通話を違反とするか、制限している国が少なくとも30カ国にのぼる。もっとも、気が散るのは同乗者との会話と同じくらいだという研究もある。

未来のフレキシフォン

歯から通話

音声信号を直接脳に送る方法が見つかれば、手で持つ電話機は時代遅れになるだろう。可能性があるのは、無線通信機とLSIチップを人工歯根（インプラント）に埋め込むことだ。電話がかかるとチップが反応して振動し、あごの骨を通して音声を内耳に伝える。歯を使って電話しているとは誰も気づかないだろう。

電話機を手首に巻くときに、ストラップを止める磁石

ケースは、あらゆる方向に曲げたりねじったりできる

極薄の回路基板に電子部品を搭載

FUTUREFLEXIPHONE

19世紀に電話が登場し、20世紀には携帯電話が登場した。21世紀はフレキシフォンの時代になるだろう。それは何通りにも使える個人用通信機器だ。今は、携帯電話、音楽プレーヤー、日記帳、住所録などをそれぞれ持ち歩いている。将来は、電話が何でもやってくれるだろう。電子メールを送り、買い物を注文することから、遠くにいる友人とテレビ電話でおしゃべりをすることまで。

極薄軽量のバッテリーは太陽電池から充電する

超軽量の秘密

この電話機の電子部品は、すべて柔らかいプラスチック層にプリントされている。その電源は、ケースの外側に付けた極薄の太陽電池で補充されるため、小さなバッテリーで十分だ。スクリーンもバッテリーも薄いため、電話機の重量は鉛筆ほどしかない。ケースについた磁石で、腕時計のように電話機を手首にはめることができる。

デジタルペン

DIGITALPEN

「ペンは剣よりも強し」という古いことわざがある。正義の言葉が持つ力を強調したものだ。ペンをコンピューターと組み合わせると、さらに強力な道具になる。デジタルペンは単に紙に書くだけではない。書いた筆跡を内蔵カメラが自動的に検出して、書かれた文字のデータをコンピューターに送るので、それらをタイプで入力したかのように編集することができる。

パソコンと接続

デジタルペンは電気で動く。そのためドッキングステーションで充電してやる必要がある。またドッキングステーションはUSB接続でコンピューターとつながっている。ペンがそこに置かれているときに、筆跡データがコンピューターに自動的にアップロードされる。

ハードコピー

コンピューターが普及し始めたころ、すべての通信が電子化される「ペーパーレス」の時代が来るといわれたものだ。今や3分の2の人々が仕事で電子メールを使っているのに、紙の使用量は1960年代より50％も多くなっている。やはり余白に書き込める紙のほうが便利のようだ。

主な仕様

記憶容量	レターサイズ文字原稿で 100ページ分
重量	908 g （ドッキングステーション込み）
寸法	157 mm×24 mm×21 mm
使用時間	3時間
待機時間	20時間
データ転送	Bluetooth（ブルートゥース） またはUSB

LOOK INSIDE 分解してみたら

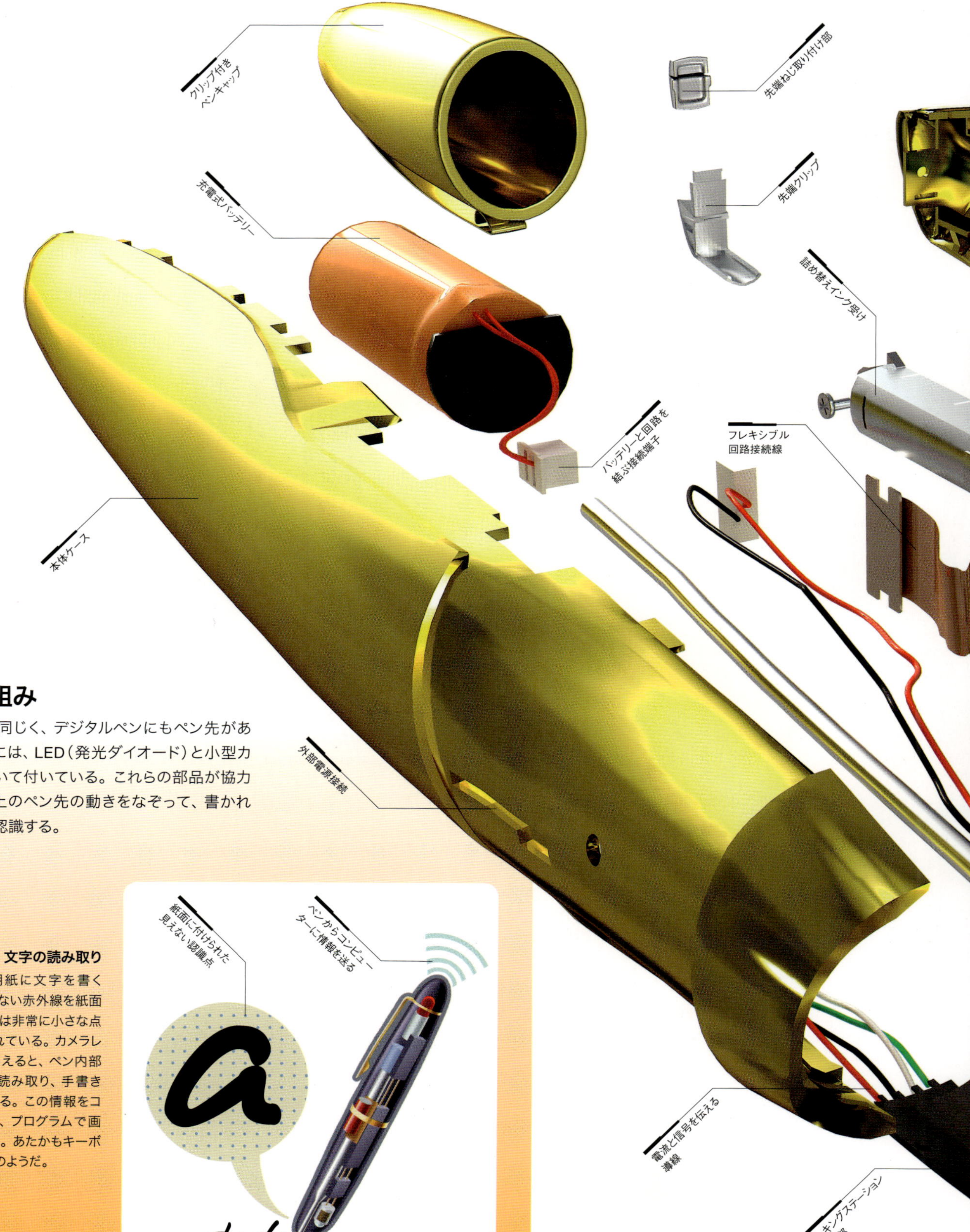

動作の仕組み

普通のペンと同じく、デジタルペンにもペン先がある。ペン先の脇には、LED（発光ダイオード）と小型カメラが紙面に向いて付いている。これらの部品が協力して働き、紙面上のペン先の動きをなぞって、書かれた文字の画像を認識する。

文字の読み取り

デジタルペンで専用紙に文字を書くと、LEDが目に見えない赤外線を紙面に発射する。紙面には非常に小さな点が格子状に付けられている。カメラレンズが反射光をとらえると、ペン内部のLSIチップが点を読み取り、手書きのイメージを記憶する。この情報をコンピューターに送り、プログラムで画像を文字に変換する。あたかもキーボードから入力したかのようだ。

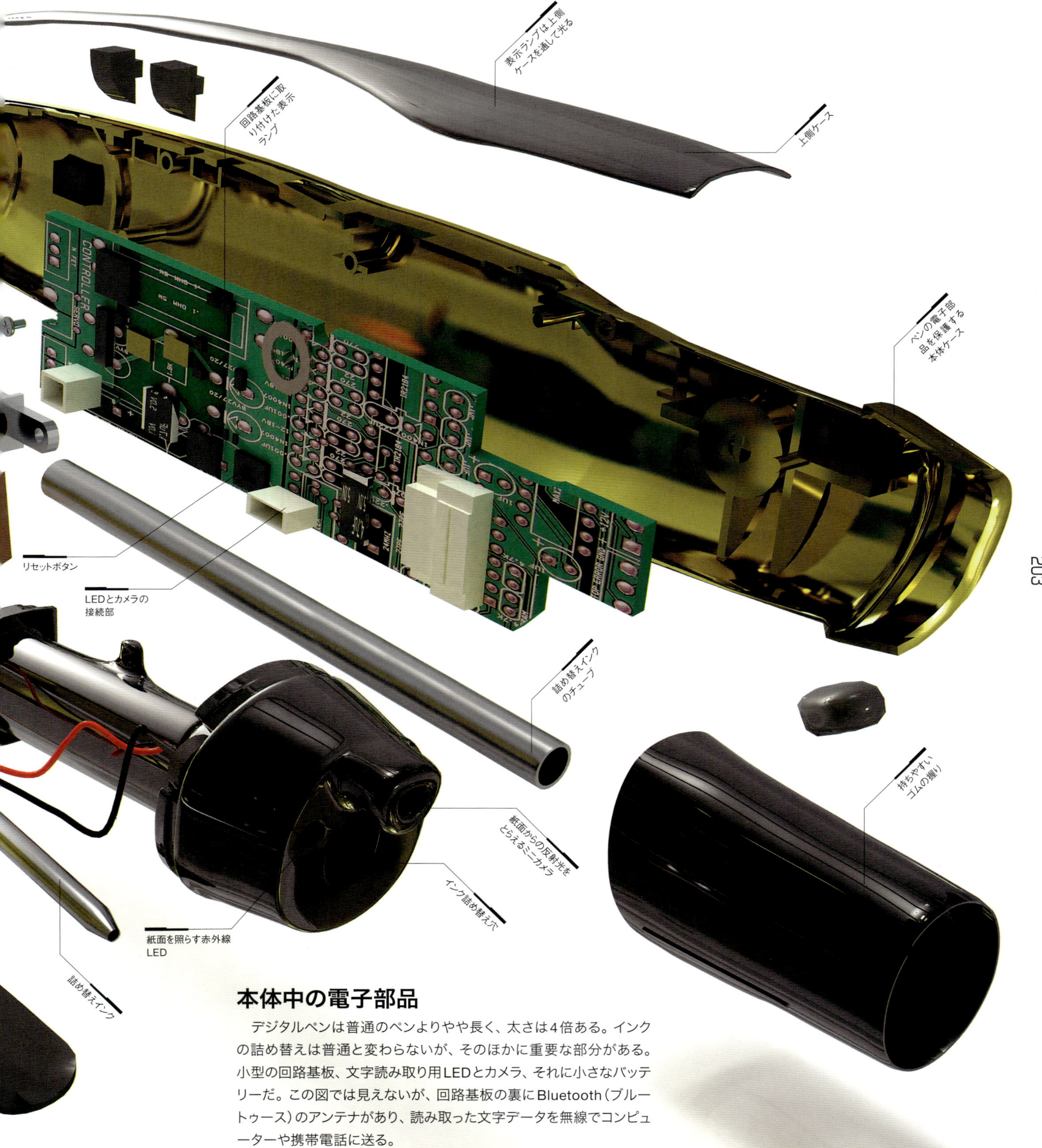

本体中の電子部品

デジタルペンは普通のペンよりやや長く、太さは4倍ある。インクの詰め替えは普通と変わらないが、そのほかに重要な部分がある。小型の回路基板、文字読み取り用LEDとカメラ、それに小さなバッテリーだ。この図では見えないが、回路基板の裏にBluetooth（ブルートゥース）のアンテナがあり、読み取った文字データを無線でコンピューターや携帯電話に送る。

データ保存法

人間は、情報を蓄える方法をいろいろ工夫した。そのおかげで、私たちは自分たちより前の世代の知識を利用できる。私たちが死んだ後も、その成果を後世の人が利用することができる。文明はこうして進歩してきたのだ。古代における紙と文字の発明は、歴史時代の始まりを告げた。現代では、コンピューターやワールドワイドウェブ（WWW）のような最新の技術が、現在の歴史を遠い将来まで残すだろう。

パピルス

紙は5000年ほど前の古代エジプト人によって発明された。パピルスという植物の茎から作られた。上に示す『エドウィン・スミス・パピルス』は、3700年前の世界最古の医学書である。そこで述べている治療法には現在でも使われているものがある。

楔形文字（くさびがた）

筆記用具は、共通の記録様式があって、はじめて意味をもつ。書かれた言語として最古の楔形文字は、とがった木片で粘土板に線を刻んだものだ。この文字は、現在のイラク付近のメソポタミアで約5500年前に発明された。

情報は力なり

知識が力の源泉ならば、図書館の持ち主はまさに最高権力者だ。図書館には文明が蓄積してきた知識が集められている。チェコのプラハにあるストラホフ修道院の図書館（上）は、本や言葉の力を賛美するかのように華麗に造られている。

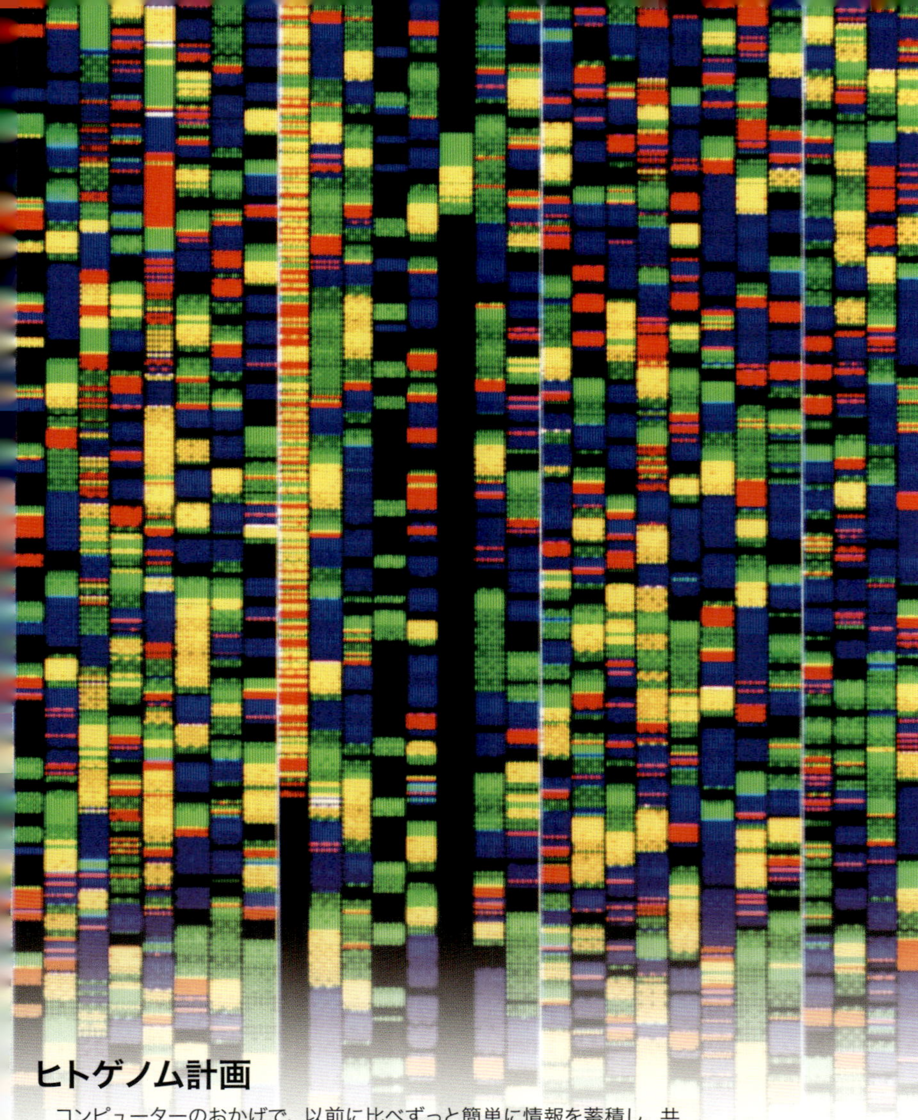

ヒトゲノム計画

コンピューターのおかげで、以前に比べずっと簡単に情報を蓄積し、共有できるようになった。「ヒトゲノム計画」の成果は、ヒトの遺伝子情報（写真の彩色された帯）の巨大なコンピューター・データベースである。科学者たちは、ガンなどの治療法の開発に役立てている。

アクセスできます

目の不自由な人が本の情報に接することは難しいが、コンピューターが助けてくれる。文字読み取り装置が自動的に本を読み上げてくれる。また電子点字器（左）は文章を点字として出力し、これを指で読むことができる。

セマンティック・ウェブ

ティム・バーナーズ=リー（右、1955年〜）が発明したワールドワイドウェブ（WWW）によって、あらゆる情報を共有できるようになった。彼の次の計画「セマンティック・ウェブ」は、機械が情報を共有するものだ。セマンティック・ウェブでは、すべてのウェブコンテンツがコンピューターに理解可能な言語で書かれる。

デジタル図書館

大英図書館は、「ページをめくろう」というウェブページで、貴重な所蔵図書を公開している。デジタル化された本を読むには、本をめくるように、マウスでページをドラッグすればよい。上の精密な植物画は、エリザベス・ブラックウェルの『珍しい植物』（1737年）から。

文字を認識する

人間はコンピューターの出力を読めるが、コンピューターのほとんどは人間が書いた文字を読めない。郵便仕分け機（上）は、封筒に手書きされた郵便番号をレーザー光で読み取る。そして他の仕分け機でも読み取れるよう、紙の上に蛍光点の模様としてコードを書き込む。

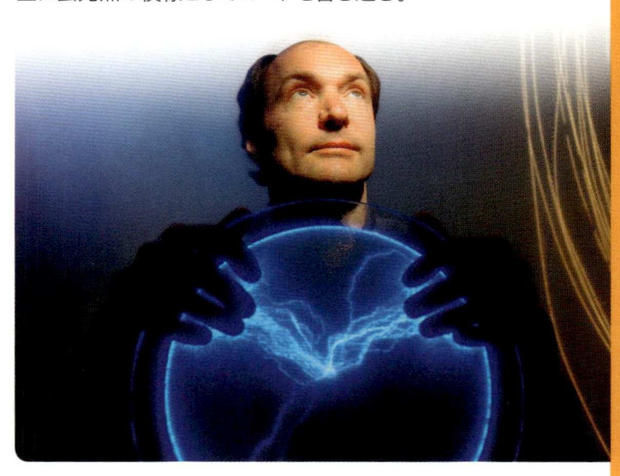

ビデオカメラ

CAMCORDER

あなたが2時間の映画を見た場合、目の前をよぎる17万枚以上の写真を見たことになる。あなたの脳は、それらをこま切れの画像ではなく、連続した映像として認識している。

最近まで、映画作りは専門家の領域だった。しかし現代の電子技術によって、ビデオカメラが小型化して操作が簡単になり、価格も手ごろになったため、誰でも映画を作れるようになった。映像はテープあるいはデジタルメモリーに蓄えられる。映像が気に入らなければ、撮り直して上書きすればよい。

主な仕様

寸法	118mm×92mm×64mm
液晶画面寸法	2.75インチ型
光学ズーム	34倍
重量	350g
録画システム	ミニDVテープ

即時に再生

ビデオが発明されるまで、映画カメラは従来のフィルム写真カメラと同じ原理だった。撮影した映像は時間と手間をかけて現像しなければならなかった。現在のビデオカメラは、撮影してすぐに再生できる。映像はデジタル形式で保存されるので、手軽にウェブサイトに載せて、仲間と共有することができる。

小さな撮影班

ハリウッド映画の制作には多額の予算と、大がかりなセット、大勢の撮影スタッフが必要だ。しかし、家庭用ビデオカメラで撮影すれば一人で済む。プロ用のビデオカメラのわずか5分の1の重さしかないので、どこへでも持っていける。

ズームイン

ビデオカメラの最も重要な部分は撮像系、つまり画像を写すためのレンズ群だ。ここに示すモデルでは、撮像系はレンズとモーター機構でできている。モーターがレンズ群を前後に出し入れし、レンズ間の距離を近づけたり離したりする。こうしてカメラは34倍までズームインすることができる。

画像からテープへ

ビデオカメラが映像を磁気テープに保存するまで、4ステップかかる。まず、カメラ前面のレンズで対象の画像をとらえる。次にCCD（電荷結合素子）という感光性のLSIチップがこの画像を長い数値データに変換する。そして、カメラの電子回路がこの数値データを数学的に圧縮して、保存場所が少なくて済む形式に変換する。最後にこの数値データを小型のミニDVテープに記録する。

1 レンズ
2 CCD
3 回路
4 磁気テープ

動作の仕組み

初期の映画カメラは毎秒24コマ（フレーム）の速さで写真を撮り、巻き取り式のリールフィルムに保存した。現在のデジタル・ビデオカメラの機構は違う。各フレームはデジタル形式、つまり長い数値データに変換され、テープなどに保存される。それを再生するには、逆方向に処理すればよい。数値データは画像に戻され、液晶画面で見ることができる。

撮影対象をのぞく
ファインダー
充電式バッテ
リーパック
画像をとらえる
CCD
回路基板
テープ操作ボタン
ボタン電池
ズームレンズを動
かすモーター機構
回路基板上の電子
部品を接続するプリ
ント配線
ケース側面の
再生スピーカー
液晶
ズームレンズ
液晶画面をたた
んだり開いたり
するヒンジ機構
録音用マイク
伸展可能な液晶画面
再生ボタン
LOOK INSIDE
分解してみたら
再生ボタン用
スロット

映像の魅力

巨大な蒸気機関車がこちらに向かって突進してくる。人々は叫び声を上げてパニックに陥り、われ先に外へ飛び出していった。1896年、フランス・パリの上映会で起きたことだ。この機関車はスクリーンに投影された巨大な映像に過ぎなかったが、はじめての観客には肝をつぶすほどリアルに見えたのだ。

パリでの世界初の映画上映から1世紀以上たっても、映画は私たちを感動させる力を失っていない。しかし何かが違ってきた。映画館で大勢と見るよりも、家のテレビで映画を見ることが多くなった。自分で好きなように動画を撮影して、いろいろな形で楽しむ人も増えている。

ニュースの取材

長編映画では完成までに何年もかかる大作もあるが、すぐに映像がほしいこともある。テレビニュースのカメラは、デジタルビデオに映像を収録し、それをすぐにスタジオに伝送する。こうした衛星中継車を使えば、それが可能だ。

映画館に行く

欧米の多くの国で映画館が隆盛を極めたのは1940年代だった。それ以降、映画観客数は90%も落ち込んだ。テレビやホームビデオのせいだ。

世界最大の映画産業国、インドは違う。インドでは毎年1000本以上の映画が制作され、1万3000館以上の映画館で上映される。今でもインドの人々は映画館で見るほうが好きで、家庭のビデオで見るのは8%に過ぎない。

映画の歴史

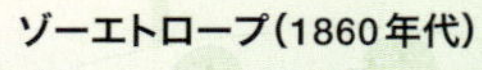

ゾーエトロープ(1860年代)

ゾーエトロープは残像現象を見せるものだ。一連の絵を続けて見ると、脳はそれらを連続する映像として認識する。ゾーエトロープの回転スリットからのぞくと、たくさんの静止画が一つの動画に見えるのは、この原理に基づく。オーストリアの科学者、シモン・スタムファー(1792〜1864年)が発明した。

シネマトグラフ(1895)

フランスのリュミエール兄弟、オーギュストとルイは、1895年に最初の実用的な映画カメラと映写機を発明した。翌年、パリのグラン・カフェに最初の映画館を開いた。

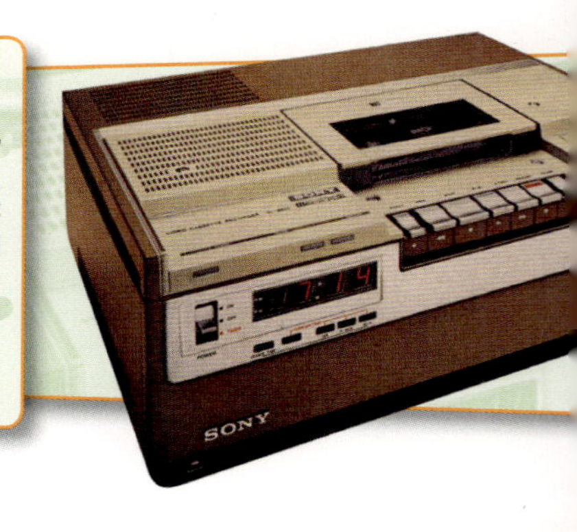

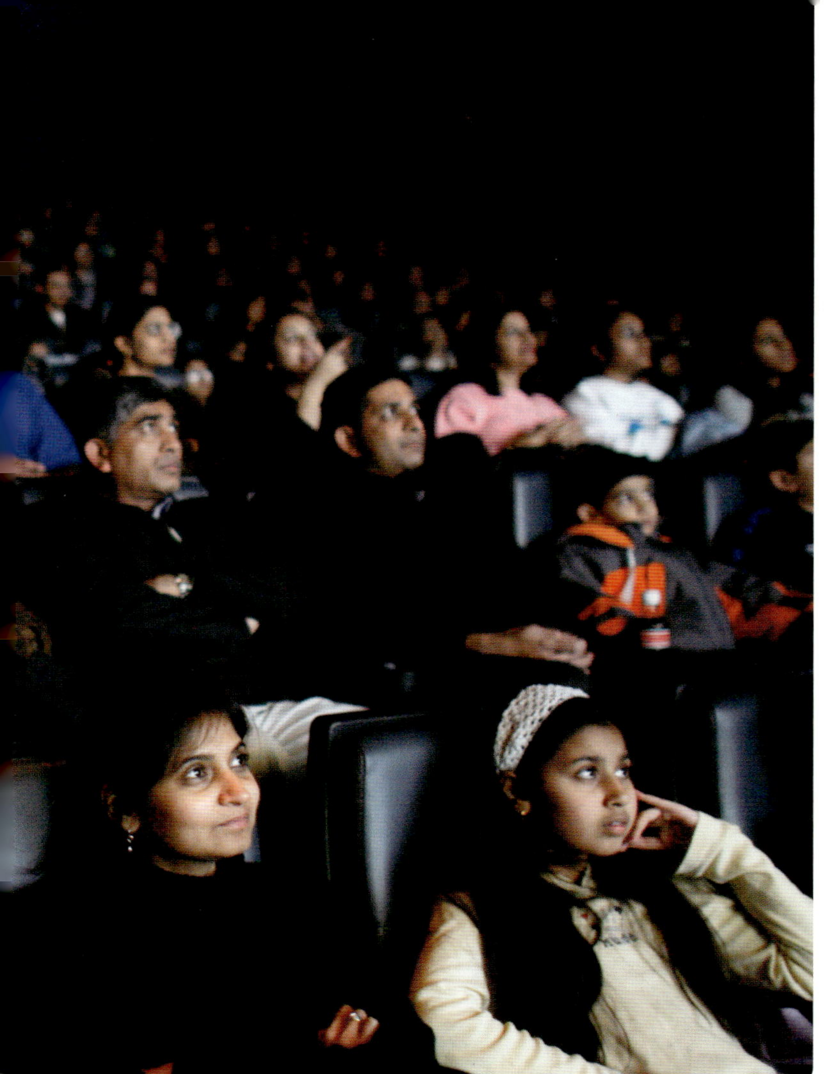

科学の研究

撮影技術が進み、離れたところで安全に自然現象を研究できるようになった。この火山学者は、欧州最大の活火山、イタリアのエトナ山から流れ落ちる溶岩を映像に収めている。映像は科学的な価値が高い。保存して、後で比較することもできる。

ビッグ・ブラザー

私たちは、気づかないうちに映像に撮られている。こうした監視カメラがいたるところに目を光らせている。監視カメラは、派手な手口の犯罪を解決するのに役立つようだが、一般的な犯罪を減らす効果があるかどうかははっきりしない。

海賊版の横行

ビデオレコーダーやDVDレコーダーの普及により、違法コピーが格段に簡単になった。映画業界によると、海賊版による大手映画制作会社の被害は、毎年1兆9000億円を超えるという。特に被害額が多いのは中国とロシア、タイだ。

ビデオカセット(1970年代)
ビデオカセットレコーダーの発明は1950年代だが、大多数の人にとって高嶺の花だった。これが普及したのは1970年代で、ソニーがベータマックスという手ごろな機種を発売してからだ。ビデオカメラからでも、家庭のテレビからでも録画できた。

DVDレコーダー(1990年代)
ビデオレコーダーは故障が多く、テープも磨耗しやすかった。今は、信頼性が高く、使いやすいDVDレコーダーを使う人が多い。

インターネットビデオ(2000年代)
将来はDVDすら時代遅れになるかもしれない。すでにウェブカメラで録画し、直接インターネットで送る人が増えている。いずれは、映画もダウンロードするのが普通になるだろう。

カメラ

CAMERA

時間は瞬く間に過ぎ去る。しかし、このようなデジタルカメラを使えば、その瞬間を永遠に残せる。デジタルカメラが写す画像は、ピクセルという小さな四角でできたモザイク模様だ。キヤノンEOS 5Dは1300万ピクセルの画像を撮る。人間の眼の網膜には、光を感じる細胞がこの10倍もあるが、それを保存したり、他人に見せる手段は備えていない。

電子制御

1980年代にマイクロプロセッサーが普及するまで、カメラは機械式で重かった。このカメラの機能は、すべて上面、背面、側面のボタンで操作できる。このため、軽く、信頼性が高く、使いやすくなった。

主な仕様

重量	本体810g
材質	ポリカーボネートとマグネシウム合金
画質	4368×2912ピクセル
シャッター速度	1/8000～30秒
モニター	2.5インチ型液晶
記録媒体	CFカード

犯罪捜査に活躍

警察が犯罪を立証する証拠として写真は役に立つ。この科学捜査官は三脚に固定したカメラで犯罪現場に残された足跡を撮っている。左手のフラッシュライトを当てて鮮明な写真を撮るようにしている。それが裁判で決定的な証拠となるかもしれないので、精密に撮る必要がある。

ジャーナリズム

写真は歴史的瞬間を記録する。1963年11月、車に乗った米国大統領ジョン・F・ケネディが暗殺される直前の瞬間も、このように写真でいつまでも記録されている。

科学の研究

写真は科学者にもきわめて役に立つ。原子が崩壊して素粒子に分かれるのを肉眼で見ることはできないが、この写真はそれを見せてくれる。泡箱と呼ばれる装置を使って撮られたものだ。崩壊した原子から飛び出た粒子が箱を通るとき、飛行機雲のように軌跡を残すのだ。こうした写真が物質の深遠な秘密を解き明かす。

フィルムカメラ

ガラスの乾板を使う写真は面倒で時間のかかる技術だったが、米国人、ジョージ・イーストマン（1854～1932年）がプラスチックのフィルムを開発して便利になった。彼が創立したイーストマン・コダック社が発売したブラウニー（左）などのカメラによって、写真は趣味として1890年代に広く普及した。

インスタントカメラ

誰でも写真を撮ったらすぐ見たいと思う。1947年、米国人発明家のエドウィン・ランド（1909～1991年）がポラロイドカメラを開発した。撮影後、化学的に処理された印画紙にすぐさま画像が現れた。

フォト・シェアリング

携帯電話のカメラを使えば誰でもインスタント写真が撮れる。写真はデジタルファイルとして作成されるので、それを家族や友人に電子メールで送ったり、ただちにウェブに載せたりすることもできる。

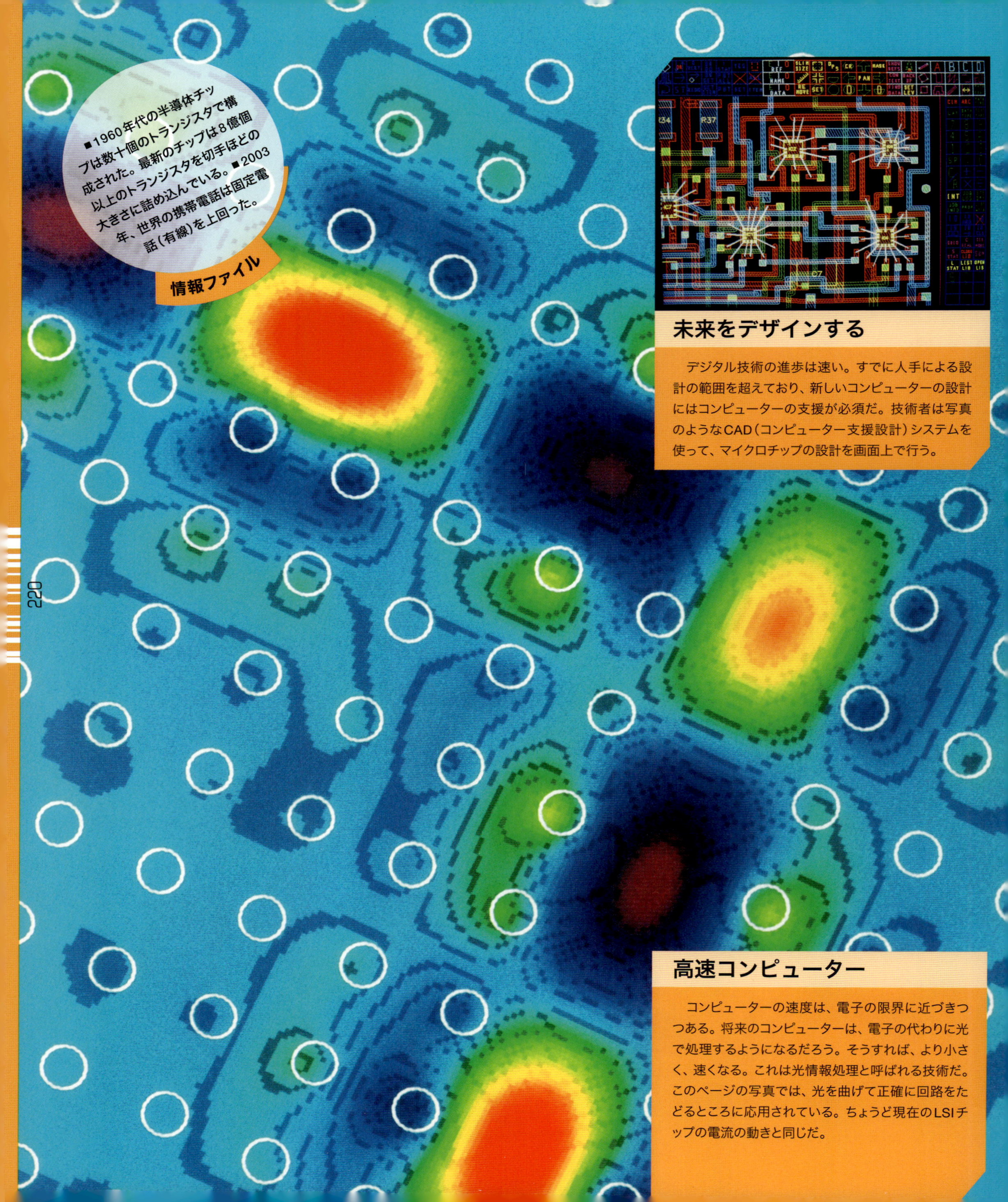

情報ファイル

■1960年代の半導体チップは数十個のトランジスタで構成された。最新のチップは8億個以上のトランジスタを切手ほどの大きさに詰め込んでいる。■2003年、世界の携帯電話は固定電話（有線）を上回った。

未来をデザインする

デジタル技術の進歩は速い。すでに人手による設計の範囲を超えており、新しいコンピューターの設計にはコンピューターの支援が必須だ。技術者は写真のようなCAD（コンピューター支援設計）システムを使って、マイクロチップの設計を画面上で行う。

高速コンピューター

コンピューターの速度は、電子の限界に近づきつつある。将来のコンピューターは、電子の代わりに光で処理するようになるだろう。そうすれば、より小さく、速くなる。これは光情報処理と呼ばれる技術だ。このページの写真では、光を曲げて正確に回路をたどるところに応用されている。ちょうど現在のLSIチップの電流の動きと同じだ。

1台に融合

デジタル情報は、簡単に異なる装置間で共有できる。携帯電話でビデオを見たり、音楽プレーヤーで写真を保存したりできるのがその例だ。電話機、音楽プレーヤー、カメラ、コンピューターを別々に持つ必要はなく、1台で事足りるようになるだろう。それはコンバージェンス、つまり融合していくという考え方だ。

すぐに失われる

博物館が何千年も昔の資料を保存している一方で、わずか数十年前の最初の電子メールや携帯通話を保存している人はいない。ウェブページの情報は、現れたかと思うと消えてしまう。インターネット・アーカイブのような組織が、ウェブページが失われないようにウェブページのオンライン図書館を維持している。

デジタルの世界

世界中が数字に変化したように見えることがある。最近の写真、音楽、テレビ、ウェブページなどは、0と1が並んだ2値コードが基本となっている。電子機器は結局のところ、これらすべてを数字の形で処理して保存する。こうすると情報の取り扱いがずっと容易になる。その代わり、危険も増大する。デジタル情報は秘密にしにくく、盗まれやすい。

DVD数枚に納まる

デジタル技術がもたらす恩恵の一つは、大量のデータを小さな領域に詰め込めるということだ。シェークスピア全集1万部相当のテキストをDVD1枚に保存できる。だから、ここに写っているすべての本もわずか数枚のDVDに納まるだろう。

のぞき見防止

あるウェブサイトでオンラインの買い物をしたとしよう。そのウェブサイトは、顧客の個人情報を守るために、暗号すなわち数学的にスクランブルする手法を使っているはずだ。光ファイバーで送られる情報は、いまや量子暗号器を使って保護することができる。レーザー光が運ぶ情報を犯人が解読しようとすると、光線は微妙に変化し、誰かが盗もうとしたことがわかる。

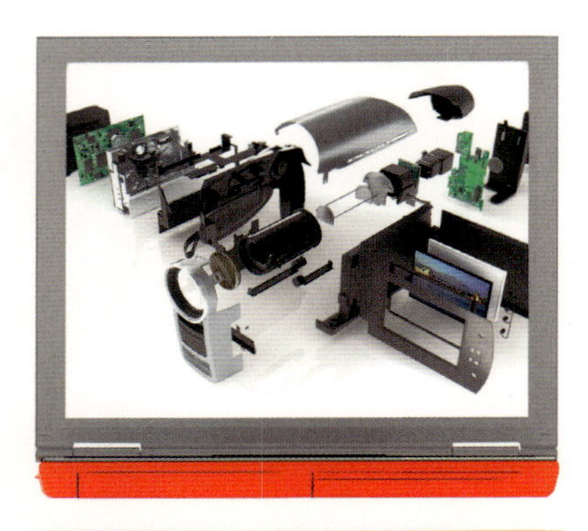

平らに収納

ノートパソコンの部品は、デスクトップ・コンピューターよりも小さくて薄い。ケースは普通、ポリカーボネートのような頑丈なプラスチックでできているが、高級機になると、チタンのような強固で軽い金属を使ったモデルもある。

主な仕様

画面	15インチ型ワイドスクリーン
メモリー	RAM：2GB（ギガバイト）、 ハードディスク：250GB
プロセッサー	デュアルコア
バッテリー持続時間	4時間
ネットワーク	Wi-Fi（ワイファイ）無線接続
重量	2kg

ノートパソコン

LAPTOPCOMPUTER

1949年、趣味の雑誌『ポピュラー・メカニクス』は、大胆にも「コンピューターは将来1.5トンまで軽くなるだろう」と予言した。当時の技術からは、膝に乗るコンピューターなど想像すらできなかった。しかし、予想を超えたエレクトロニクスの進歩のおかげで、現在のノートパソコンはその雑誌の予言のおよそ1000分の1（1〜2kg）しかなく、どこへでも持ち運びできるほど小型になった。

77年型パソコン

パソコンが会社や学校に普通に置かれるようになったのは、1980年代半ばからだ。それまでは、このごつい1977年型コモドールPETでも珍しかった。キーボードと画面は小さく、ハードディスクの代わりにカセットテープが付いていた。

LOOKINSIDE 分解してみたら

動作の仕組み

コンピューターは「情報を処理する」機械だ。この機械に文字や画像のようなデータを与えると、機械はデータを加工し、その結果を画面に表示する。データを与えることを入力、データを加工することを処理、結果を表示することを出力と呼ぶ。入力は主にキーボード、マウス、メモリー、ディスクメディアを通して行われ、処理はマイクロチップの中で進行し、出力は通常、液晶ディスプレイに表示される。

タブレット入力

液晶表示（LCD）スクリーンは1990年代に普及した。タッチセンサー式のものもあり、座標入力タブレットとしても使える。このようなスクリーンは、入力にも出力にも同時に使える。タブレットがペンの動きを認識し、それを表示する。

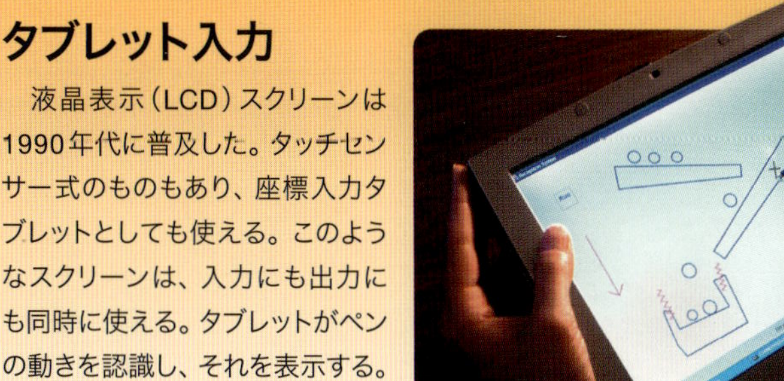

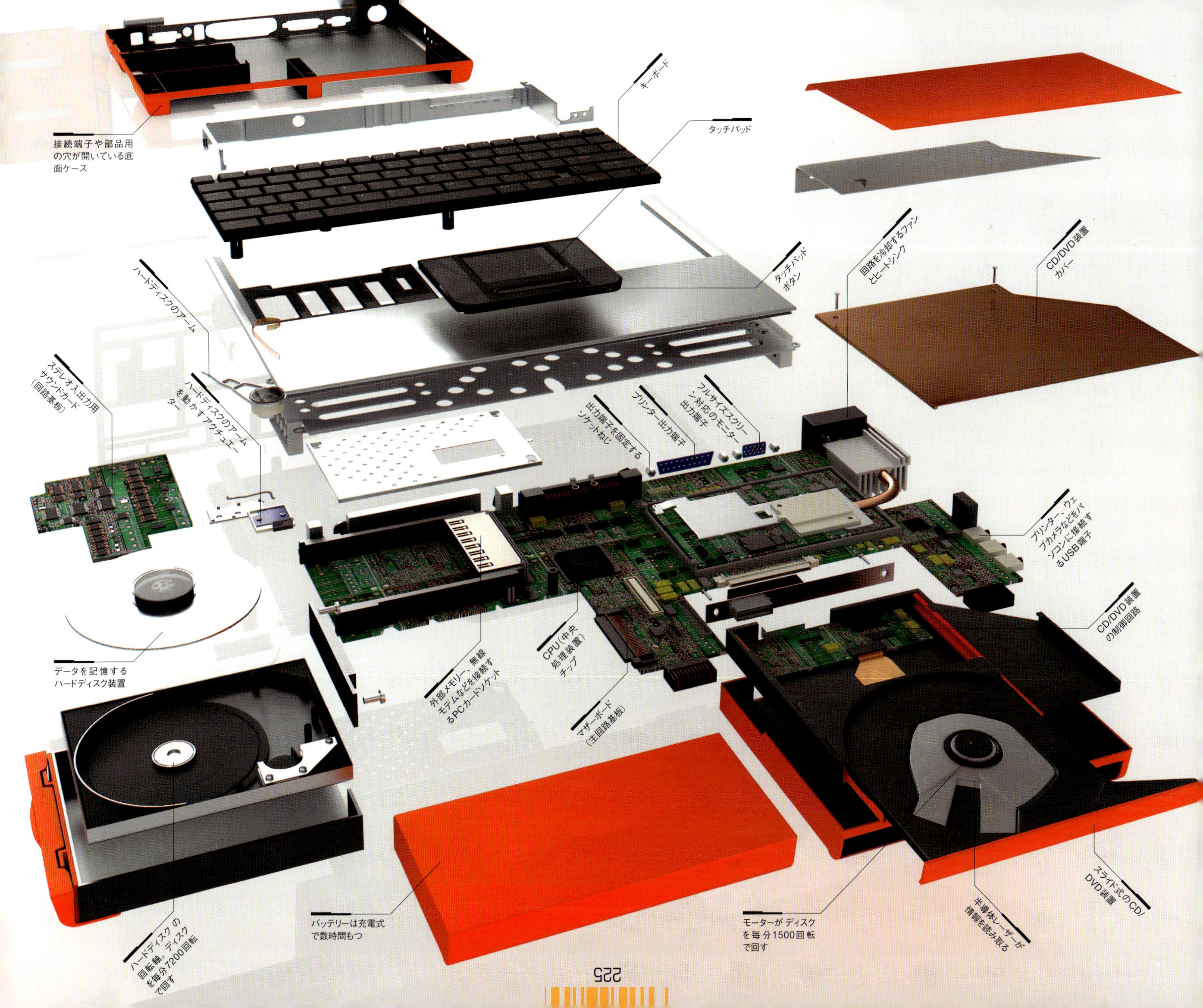
接続端子や部品用の穴が開いている底面ケース
キーボード
タッチパッド
タッチパッドボタン
回路を冷却するファンとヒートシンク
CD/DVD装置カバー
ハードディスクのアーム
ステレオ入出力用サウンドカード（回路基板）
ハードディスクのアームを動かすアクチュエーター
出力端子を固定するソケットねじ
プリンター出力端子
フルサイズスクリーン対応のモニター出力端子
プリンター、ウェブカメラなどをパソコンに接続するUSB端子
CD/DVD装置の制御回路
CPU（中央処理装置）チップ
外部メモリー、無線モデムなどを接続するPCカードソケット
マザーボード（主回路基板）
データを記憶するハードディスク装置
ハードディスクの回転軸。ディスクを毎分7200回転で回す
バッテリーは充電式で数時間もつ
モーターがディスクを毎分1500回転で回す
半導体レーザーが情報を読み取る
スライド式のCD/DVD装置

コンピューター

1943年、米IBM社の創立者トーマス・ワトソンは、コンピューターは全世界で5台しか売れないだろうと予測した。これは今から見ると的外れの予想だった。

今や世界にあるコンピューターは20億台と推定されるが、正確なことは誰にもわからない。現在のコンピューターは、実際にはマイクロプロセッサー（小さなコンピューターチップ）の形で、携帯電話、音楽プレーヤー、そのほかの機器に内蔵されている。ワトソンの予言が外れたのは、コンピューターがこのような姿に発展するとは想像もしなかったからだ。1940年代のコンピューターは1台が約4億円だった。今日のマイクロプロセッサーはその100万倍も速く、価格は2万5000分の1の1万6000円程度まで下がった。

ポータブル電源

コンピューターの部品が軽く小さくなったことにより、ノートパソコンが実用化された。最大の課題は、持ち運べるほど小さくて強力な電池の開発だった。幸いにも現在の電池はこのボルタ電堆よりずっと小さい。これは世界最初の電池で、1800年に、イタリアの物理学者アレッサンドロ・ボルタ（1745～1827年）が発明したものだ。

いつでも接続

これまでのコンピューターは、その迅速な情報処理能力が評価されてきた。今ではインターネットで情報にアクセスし、共有する能力も同程度に重要だと思われている。無線ネットワークによって、ほとんどどこからでもオンライン接続できる。

ダイビングコンピューター

海中でもコンピューターが活躍する。腕時計型のダイビングコンピューターは、正確な潜水時間をスクーバダイバーに告げる。あとどのくらい潜っていられるか、どのくらい速く浮上できるかなどの情報だ。

コンピューターの歴史

そろばん

棒の列にスライドする玉を組み込んだ「そろばん」は、世界最初の携帯型コンピューターだ。最も原始的なものは4500年以上前に発明された。今でも多くの国で使われている。

バベッジの階差機関

19世紀、英国の数学者、チャールズ・バベッジ（1791～1871年）は、数千個の動く部品を使って複雑な計算器をこしらえようとした。しかし資金が尽きて、計算器は完成しなかった。

小さな頭脳

このヤスデが抱えているのはマイクロプロセッサーである。シリコンの小さなチップに組み込まれているのは、まぎれもないコンピューターだ。ノートパソコンやMP3プレーヤーの中でも、このチップが休み無く作動している。現在のマイクロプロセッサーは4～8億個のトランジスタを含んでいる。それはすごいことだが、人間の脳は1兆個のスイッチ細胞（ニューロン）がある。

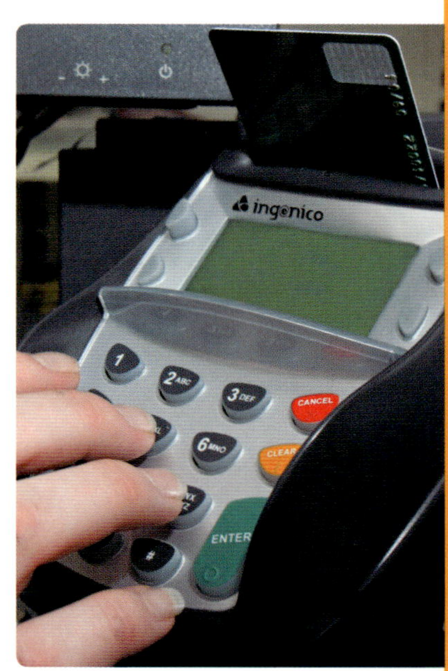

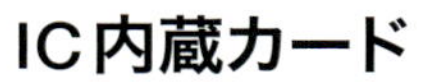

IC内蔵カード

クレジットカードの多くはコンピューターを内蔵している。ICチップ内蔵カードは、カードの隅にマイクロチップを内蔵し、個人の暗証番号（PIN）を保存している。カードで支払うときには、カードの所有者であることを確認するため、暗証番号をキーボードに入力する必要がある。

全員にパソコン

このパソコンはわずか1万円しかしない。だから発展途上国の学校でも買うことができる。暑く、湿気の多い地方でもこわれないように頑丈に作られている。またこうした国では、野外で授業することが多いので、画面に直射日光が当たっても見えるように設計されている。

人間を負かす

1997年5月、IBMのスーパーコンピューター「ディープ・ブルー」はチェスの王者、ロシアのガリー・カスパロフ（1963年～）を負かした。最新のパソコンに使われているマイクロプロセッサーは、すでにディープ・ブルーに使われたものより数倍も速くなっている。

IBMのメインフレーム

20世紀のコンピューター業界に君臨したのは米IBM社だった。革命的といわれた「システム360」は1964年に発表され、150種類のさまざまな周辺機器が付いていた。これが事務処理用として非常に普及したのは、ニーズの変化に応じて拡張するのが容易だったからだ。

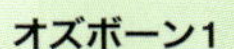

オズボーン1

1981年発売の「オズボーン1」はまさに世界初のポータブルコンピューターだった。小さな画面は5インチ型で、重さ12kgは現在のノートパソコンの6倍もあった。

ブラックベリー

この手のひらに乗るパソコンは、携帯電話とコンピューターを合わせたようなものだ。電子メールを送り、電話をかけ、ウェブを閲覧することができる。

未来のスマートメガネ

FUTURESMARTGLASSES

私たちの目は世界に開かれた窓である。しかし、見たいのは現実の世界だけではない。見知らぬ土地を歩いているときに見たいのは地図だ。急ぎの電子メールを待っているなら、コンピューター画面も見たいだろう。将来、こうした時に役に立つのがスマートメガネだ。これは双眼鏡のようにズームインやズームアウトが可能で、夜間でも見ることができる。

第1層スクリーンは、カメラで見た通常の光景を表示する

ズーム機能と赤外線暗視機能が付いた小型カメラ

第4層スクリーンは、暗視またはインターネット閲覧用

第2層スクリーンは、第1層をズームインして詳細を表示する

第3層スクリーンは、衛星ナビと地図を使って道順を示す

プラスチック製鼻ピースは、画面に太陽光が漏れるのを防ぎ、画面を見やすくする

シースルーコンタクト

米ワシントン大学の研究者たちが、曲げられるシースルー型ディスプレイを組み込んだコンタクトレンズを作り出した。何を見ていても、その上に情報を重ねることができる設計で、スクリーンはいらない。まだ開発途上の技術だが、将来、コンピューターの利用法を一変させる可能性を持つ。画面をのぞく代わりに、ただ前方を見ればよいのだ。ウェブページ、電子メール、地図、テレビ番組、ビデオなどが、目の前方の空間に現れる。

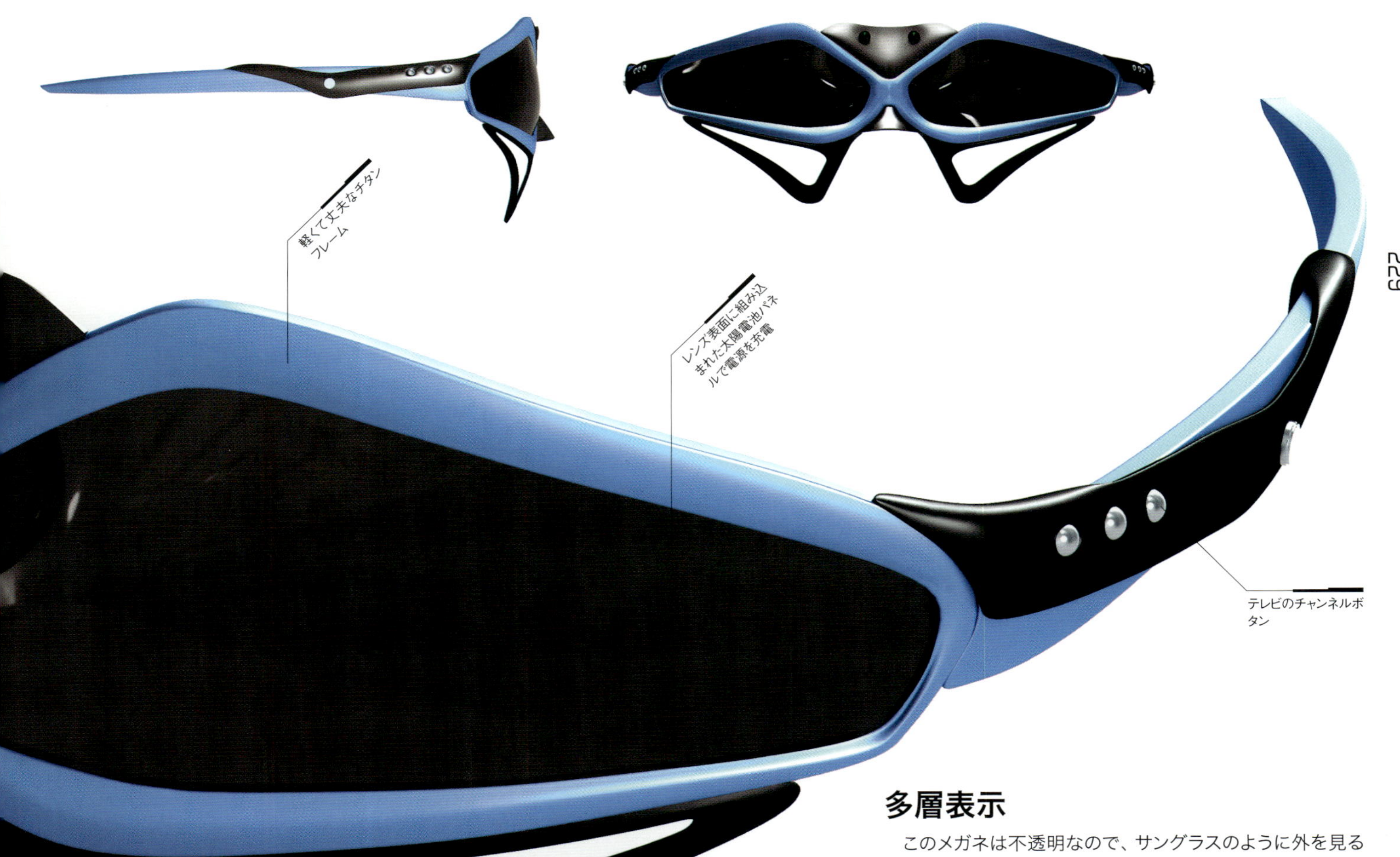

多層表示

このメガネは不透明なので、サングラスのように外を見ることはできない。代わりにフレーム上にある2個の小さなカメラが目の前の情景を収め、レンズ背面に表示する。このレンズは、目の方向の面が小さな表示画面になっているのだ。どのスクリーンも多層の表示ができ、通常見ているものの上に特別な情報を重ね合わせることができる。歩きながら、目の前の景色にコンピューターが描いた地図を重ねたり、電子メールを読んだりウェブを閲覧したりできる。

コンピューターマウス COMPUTERMOUSE

　机に向かっているときは、ほとんど運動をしていないと、あなたは思っているかもしれない。だが、コンピューターマウスを１分間に10回動かせば、あなたの手は年間80kmも動くことになる。その上、１分間に数回クリックすれば、年間100万回のクリックが加わる。どちらも手首や前腕の筋肉を傷めかねない。だからマウスは、こうした損傷や長期的な障害が起こらないよう、適切に設計しなければならない。

主な仕様

重量	100g
接続	USB／無線
寸法	110mm×60mm×35mm

コードレスマウス

　まだケーブルでコンピューターに信号を送るマウスが多いが、最近はコードレス（無線）の製品が増えてきた。電波を使って接続する。古いコンピューターでも、無線USBスティック（右ページ右端）を差し込めば、新しいコードレスマウスが使える。

光で位置を知る

光学式マウスは、机からの反射光で自分の位置を認識する。だからマウスパッドは不要だが、机の表面はつるつるして滑らかであるよりは、少し凹凸のあるほうがよい。これは、溝や段差が小さな目印になってマウスが自分の位置を知る助けになるからだ。

LOOK INSIDE 分解してみたら

機械式マウス

機械式マウスの内部には、大きなゴムの球がある。マウスを動かすとこの球が回転し、2個のプラスチック車輪を回す。車輪の縁には小さなスポークがあり、車輪の回転角度に比例した回数だけ各方向の光線をしゃ断する。光線が途切れる回数を電子回路で数えれば、マウスが移動した位置を知ることができる。

光学式マウス

光学式マウスは赤い光で机を照らし、その反射光のパターンを認識してマウスの位置を計算する。

動作の仕組み

どちらの方式のマウスも、まるでグラフ用紙上で動かしているように、格子上の動きを正確に追跡する。マウスを対角線方向（青線）に動かすと、内部の検出器はこの動きを左への移動と上への移動（ともに赤色）が同時に起きたものと認識する。

仮想世界

コンピューターは、世界を私たちの指先まで引き寄せる。インターネットが発明されたおかげで、今まで現実の世界でやってきた多くのこと、例えば買い物に行く、図書館へ行く、友達を作るといったことをオンラインの仮想世界で実行することができる。

50年前、コンピューターの利用者は、数学者や科学者など限られた人たちだった。今日では、オフィスの机の上に、家庭に、そしてポケットの中にもコンピューターがある。エレクトロニクスの進歩によってコンピューターはぐっと小さくなり、マウスなどの機器によって使いやすくなった。もはやコンピューターなしの生活を想像することはできない。マウスに手を伸ばし、画面に心奪われるとき、コンピューターは私たちの一部となっている。

ENIAC

現在のコンピューターは親しみやすい姿だが、かつてはこのENIAC（上）のような機械だった。1946年に作られた巨大なENIAC（電子式数値積分・計算器）は長さ24m、重量は30トンで、10万個の電子部品でできていた。しかし、信頼性が低く、連続動作は5日が限度だった。

最初のマウス

現在のマウスはプラスチックだが、最初のマウスは木でできていた。1963～1964年に米国のコンピューター学者、ダグラス・エンゲルバート（1925年～）が発明したものだ。彼はこれを「X-Y座標インジケーター」と呼んだが、ねじれたケーブルがネズミの尻尾のように見えたため、マウスという呼び名が使われるようになった。

セカンドライフ

多くの人たちが自分の夢想をかなえるためにコンピューターを使っている。よく知られた「セカンドライフ」のウェブサイト（右）では、アバターという自分自身の画面上の分身を作って仮想世界でそれを動き回らせる。現実世界の制約など及ばないから、想像できることは何でも作り出せる。空を飛ぶことだってできるのだ。

アップルのLisa

1983年に発売されたLisaは、マウスとグラフィックス画面を持つ最初の量産コンピューターだ。だがこれは失敗に終わった。価格が9995ドルで、競合製品の数倍だったからだ。しかしその1年後に発売されてヒットしたMacintoshの先駆けとなった。

人間工学的マウス

マウスやキーボードを長時間使うと、RSI（反復性ストレイン障害）という筋肉疲労を引き起こす可能性がある。このマウスは側面にボールがあって手首の動きを最小限に抑え、RSIのリスクを減らす。人にとって使いやすい製品を設計するのが人間工学だ。

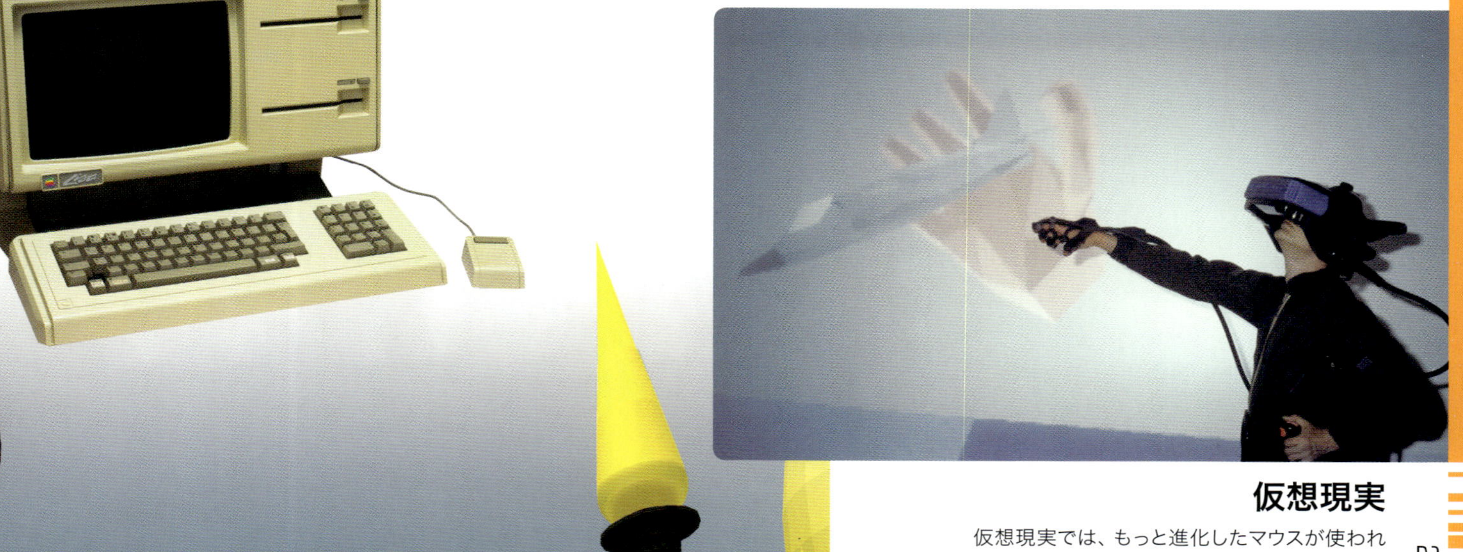

仮想現実

仮想現実では、もっと進化したマウスが使われる。ヘッドアップ・ディスプレイとセンサー手袋を着けて動くと、その動作をコンピューターが認識し、ヘッドアップの画面を変える。まるでコンピューターの仮想世界で浮遊するように感じる。

人間とコンピューター

気象の予報から病気の治療まで、コンピューターは人類が抱える課題を解決してくれるパートナーだ。将来、コンピューターはもっと「知的」になり、さらに役立つものになるだろう。人間にとってコンピューターが不要になる時代は決してこないだろうが、コンピューターが私たちを必要としない時代が到来するかもしれない。

高精細で印刷

　絵を描くのが好きな人なら、細かい描写には細い筆が必要なことがわかるだろう。太さが髪の毛ほどの筆を使うことを想像してみよう。そうすれば、インクジェットプリンターでどれほど精密に描写できるかのイメージが浮かぶだろう。キヤノンのPIXMA（日本製品名PIXUS）は、切手より少し大きい程度の領域に4800×1200個の点を印刷することができる。この解像度で印刷された画像は、写真と同じくらいくっきりと見える。

主な仕様

寸法	43.7cm×14.7cm×30cm
インクノズル数	1600本
印刷速度	毎分25ページ（モノクロ）、10.8ページ（カラー）
インク	黒、シアン、マゼンタ、イエローの独立タンク
価格	約8000円から

インクジェットプリンター

INKJETPRINTER

いつの時代でも印刷は最も重要な技術の一つだが、印刷機械の発明は比較的最近のことだ。15世紀までは何でも手で書き写さなければならなかった。そのほとんどが、知識層だった修道僧や修道女たちによるもので、1ページを写すのに2～3時間かかった。現在のインクジェットプリンターと比べてみよう。2.4秒で1ページを刷り上げる。これは手書きの3000倍の速さだ。

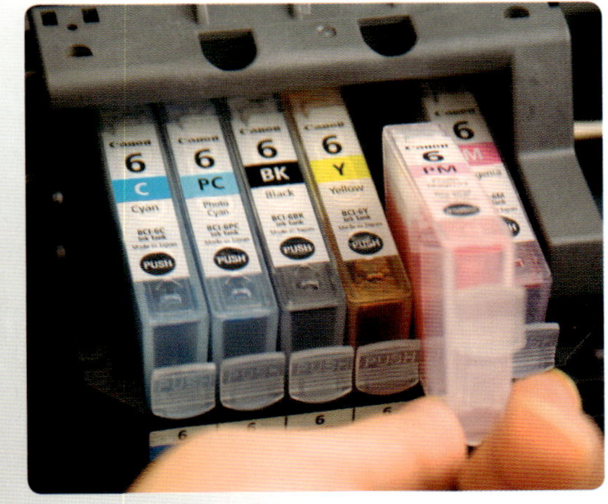

家庭でもプロの画質

高画質の印刷には時間がかかる。より多くのインクを紙面に吹き付ける必要があるからだ。インクを乾かす時間も必要なので、紙をゆっくり送らなければならない。紙の種類も大いに違う。普通の事務用紙はティッシュのようにインクを吸収する。写真用紙は、樹脂あるいは粘土でコーティングされ、インクが染み込んだりにじんだりするのを防ぐので、仕上がりが高精細になる。

動作の仕組み

プリンターの内部ではプリントヘッドが左右に動いて往復し、紙面にインクを吹き付ける。紙は後部の給紙トレイから前部の排紙トレイに送られる。4色のインクは色の3原色（シアン、マゼンタ、イエロー）と黒で、これらをいろいろな割合で混ぜることであらゆる色を出せる。プリントヘッドには1600個のノズルがあり、写真に迫る高画質のプリントができる。

加熱

インクだまりの側面にある加熱部に電流が流れる

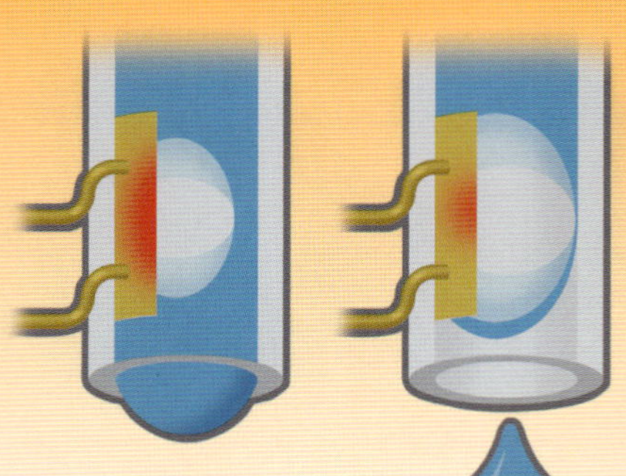

気泡の形成

熱でインクが蒸発しインク溜まり内に泡ができる

インクの滴下

泡が大きくなってインク滴を紙面に向けて噴出する。上部のタンクからインクが吸い込まれる

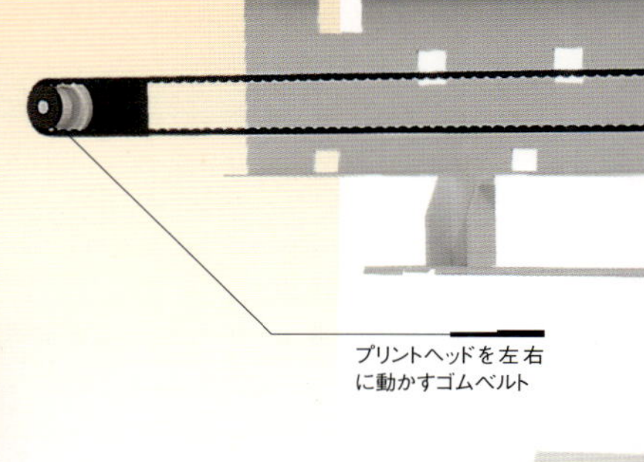

プリントヘッドを左右に動かすゴムベルト

用紙フィーダー

紙送りローラーを回すギアとベルト

黒のインクカートリッジ

シアン、マゼンタ、イエローのインクカートリッジ

プリントヘッド。カートリッジからインクを紙面に吹き付ける

紙を前方に送るローラーとスパイク付き車輪

プラスチックの底板

左側面ケース

折りたたみ式前部トレイ。開いて印刷済み用紙を受けるトレイにする

ギア、ベルト、ローラーを動かすサーボモーター

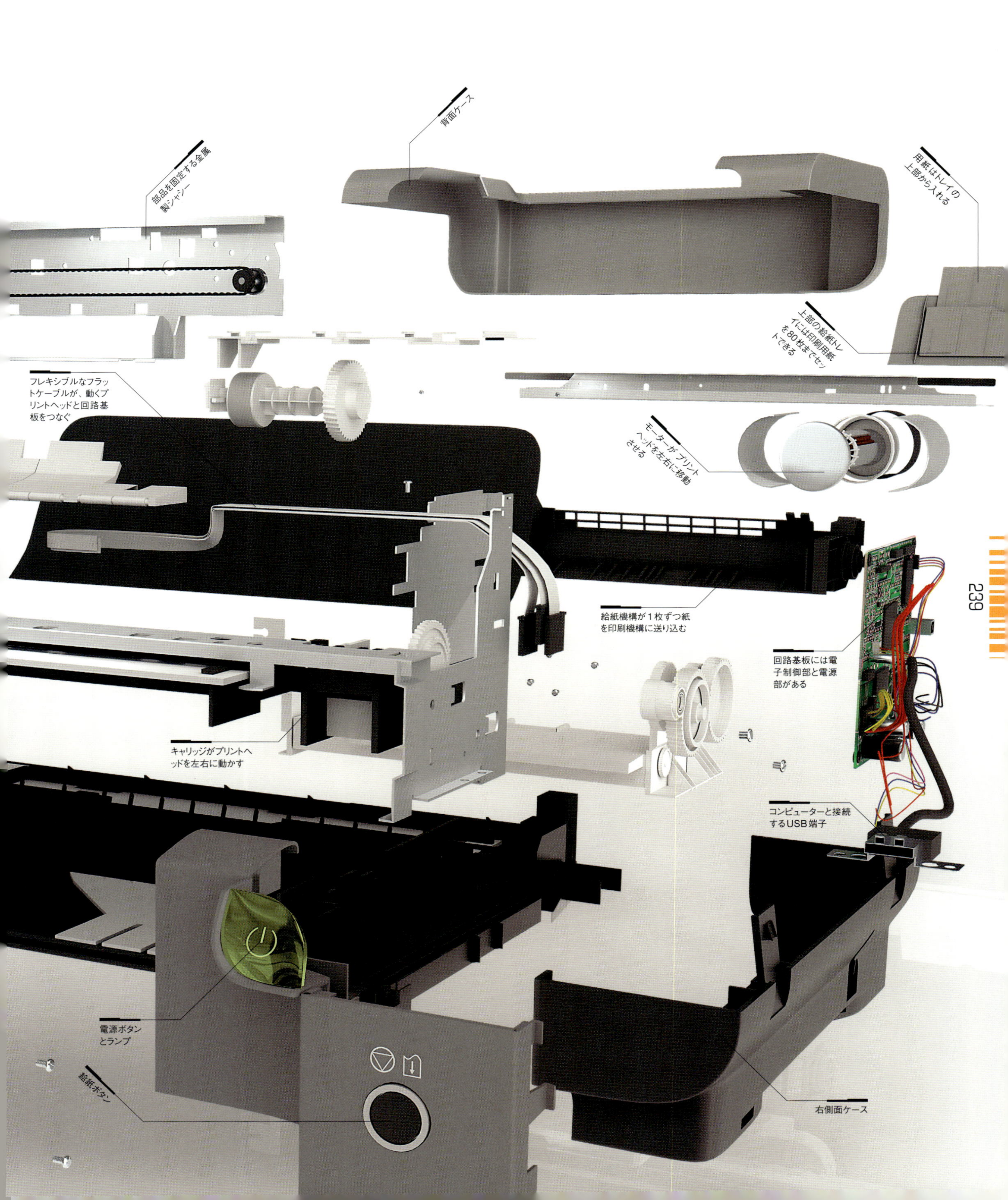

背面ケース
部品を固定する金属製シャシー
用紙はトレイの上部から入れる
上部の給紙トレイには印刷用紙を80枚までセットできる
フレキシブルなフラットケーブルが、動くプリントヘッドと回路基板をつなぐ
モーターがプリントヘッドを左右に移動させる
給紙機構が1枚ずつ紙を印刷機構に送り込む
回路基板には電子制御部と電源部がある
キャリッジがプリントヘッドを左右に動かす
コンピューターと接続するUSB端子
電源ボタンとランプ
給紙ボタン
右側面ケース

印刷技術の歴史

紙作り

西暦105年、中国・後漢の皇帝に仕えていた蔡倫（さいりん）が紙の製法を開発した。麻の繊維から作られた紙は、それまでの書物に使われていたパピルスなどに比べ、滑らかで書きやすかった。紙の技術は中国から東アジア諸国に伝わり、その後全世界に広まった。

金属の活字

グーテンベルクの功績は、印刷術の発明ではなく、その改良である。彼は、濃く消えないインク、ワイン製造の圧搾機（あっさくき）を応用した印刷台と金属活字を開発した。金属活字の配列を変えると、どんな文章でも印刷できた。

今あなたが読んでいるこの本が550年前に存在したら、きっと別世界からやってきたもののように見えただろう。そのころドイツ人ヨハネス・グーテンベルク（1400～1468年）が近代的な印刷技術を発明した。当時、本はほとんどなく、読める人もおらず、考えを広めることは簡単ではなかった。だが印刷術がすべてを変えた。本を大量に複製することができるようになり、文明は急速に進歩した。

現在、私たちが共有する情報の大半は電子メールやウェブページのような電子データだ。それでもいまだに「タイプ」や「プリント」という語句を使っているところに、グーテンベルク時代の名残りが今でも生き残っている。

彩飾写本

グーテンベルクが印刷法を開発する以前の写本は、この写真のようなものだった。どのページも芸術作品といえるもので、手間をかけて絵と文字を手書きし、金の装飾を施している。こうした本は彩飾写本と呼ばれる。これはイタリアのベネチアのサン・ラッザロ・デリ・アルメーニ修道院が所蔵する20万巻のきわめて貴重な書物だ。

新聞作り

新聞は古代ローマで発明された。ローマには印刷機がなかったので、ニュースを紙に書いて、壁に掲示した。印刷された新聞が現れたのは17世紀のことだ。現在の新聞や雑誌は写真（左）のような輪転機（高速回転ドラム）を使って、コンピューター制御で印刷される。

カールソンの複写機

チェスター・カールソン（1906～1968年）は、偉大な発明をして財産を残そうと決心した。彼が最初に「電子写真」という独自のアイデアを大企業に売り込んだときは、どの企業も興味を示さなかった。しかし後に実用化されて、ゼログラフィー（複写機）と名を変えたこの機械は、グーテンベルクの印刷機以来、最も重要な印刷技術となった。

電子ペーパー

いまや本や新聞をオンラインで読む人は多い。しかし、オンラインでも文章や画像は印刷したページのような形式で配置されている。私たちの目には、このほうが見やすく、ひと目で内容がつかめて便利なのだ。

未来の立体プリンター

FUTURE3-DPRINTER

物体をコピーできたら、どんなに便利だろうか。未来のプリンターは何十億という原子を積み上げて、立体コピーを作れるようになるかもしれない。3台の原子噴射器が原子を噴射し、わずか5分のうちに完全なコピーを作り上げる。高価なインクの代わりに、この機械は水道水しか使わない。水から水素と酸素を取り出して必要な他の原子に変換する。

真空室。コピーをしている間、空気やほこりが邪魔しないように密封する

3台目の原子噴射器

水タンクと原子製造装置

現在の立体コピー

すでに立体プリンターは存在する。ここに示した機械（下）はコンピューターが描いた詳細な設計図から立体模型を作る。この機械は、薄い粉または樹脂の層を順に積み重ねて「印刷」し、模型を作る。レンガを積んで建物を建てていくのに少し似ている。全工程が終わるまで4時間ほどかかる。

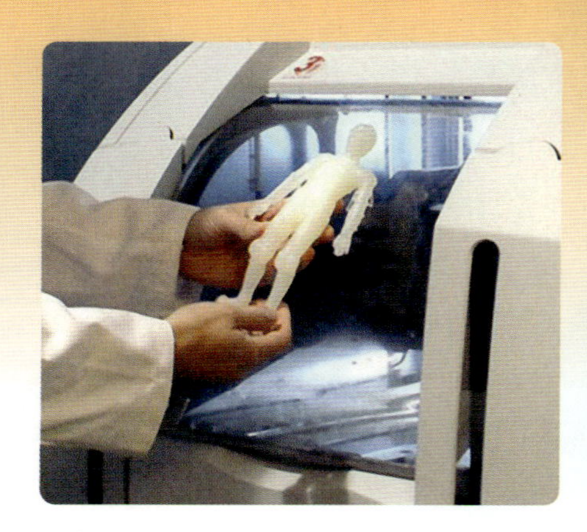

科学の魔術

3次元の物体がみるみる立体プリンターの中に現れる。これは魔法ではない。ここで作るのはスマートメガネ（228ページ参照）だ。3台の原子噴射器が原子を3方向から噴射して物体を形成する。噴射器がガイドレールに沿って移動する様子は、現在のインクジェットプリンターのプリントヘッドによく似ている。

用語解説

数字、英字

2値コード
数字の0と1のみを使って情報を表すコード。コンピューターなどのデジタル機器で使われる。

Bluetooth
ブルートゥース。近接した電子機器同士を無線で接続する方式。携帯電話の多くが無線ヘッドセットやパソコンとの接続にこの方式を使っている。

CCD
電荷結合素子。感光性のセンサーが格子状に配置されたもので、デジタルカメラなどに使われてデジタル画像を生成する。

CD
コンパクトディスク。光を反射するアルミニウム膜と保護層を重ねた構造の、薄いプラスチック円盤。音楽や各種デジタル情報の記録に使われる。

DVD
ビデオなどのデジタル化された情報を記録する薄いプラスチック円盤。CDと同じような仕組みだが、7倍の情報を記録できる。

LCD
液晶を用いた電子表示装置。液晶は、加える電圧により光の透過率が変わる性質を持つ。

MP3
ムービング・ピクチャー・エキスパート・グループ(MPEG)オーディオ・レイヤー3の略語。音楽データ保存用のファイル圧縮方式で、保存に要する容量が少なくて済み、インターネットでの送信時間も短い。

NASA
米航空宇宙局。宇宙に関する研究と、スペースシャトルや惑星探査機などの宇宙飛行計画を実施する。

USB
ユニバーサル・シリアル・バスの略語。プリンター、ウェブカメラ、光ディスク装置などの周辺機器をコンピューターに接続し電源を供給する。

Wi-Fi
ワイファイ。ワイヤレス・フィデリティの略語。最大100m程度まで離れたコンピューターと機器を無線で連結する方式。最近はデジタルカメラや音楽プレイヤーにも搭載されている。

ア

アコースティックギター
昔からある、電気を使わずに、中空の木製の胴体で音を響かせるギター。

圧力
物体表面の単位面積に作用する力。同じ力が半分の面積に作用すれば、圧力は2倍になる。

アナログ
ある数量を数字でなく、例えばダイアルの角度などで表す方式。アナログ時計は時間を針の角度で、自動車のアナログ速度計は速度を指示針の角度で表している。

アバター
コンピューターゲームやインターネットのチャットルームで、参加者の分身を表すマンガのようなキャラクター。

アルミニウム
強く、軽い金属で、飛行機や宇宙船の部材として広く使われている。

暗号化
デジタル情報に対し、数学的処理で変換操作をかけて、情報を安全に守る方法。例えばウェブサイトでオンラインショッピングするときには、クレジットカード情報を暗号化して送るのが普通である。

イ

インターネット
さまざまなコンピューターを各種の通信手段で相互接続し、やりとりができるようにした世界的ネットワーク。

ウ

ウェブカメラ
小さなデジタルカメラで、通常はコンピューターにUSB接続され、インターネット経由で生中継(リアルタイム)の映像を送る。

運動エネルギー
動いている物体が持っているエネルギー。物体の質量と速度の二乗に比例する。

エ

衛星
通信衛星や宇宙船のように、惑星の周回軌道を回る物体。月は地球の自然の衛星である。

エネルギー
動力の源であり、階段を上る、物体を動かすなどの運動を遂行する能力をいう。エネルギーを有する物体は、力にさからって仕事をすることができる。

エンジン
ロケットや内燃機関のように、燃料を燃やしてエネルギーを取り出す機械。

オ

汚染物質
人間や環境に有害な廃棄物。

カ

回転翼
飛行機の翼のような形をした回転する翼。ヘリコプターのほか、ジェットエンジンや風力タービンでも使われる。

回路
電気的に閉じた経路で、その中を電流が流れる。

回路基板
プラスチック板の表面に金属配線をプリントしたもので、電気部品をつないで回路を形成する。

ガスケット
機械内部の部品同士をつなぐ継ぎ目から水が漏れるのを防ぐシール。

仮想現実
コンピューターが作り出した想像上の世界。その中で自分が動き回るかのような感覚を体験できる。

活字
文字を印刷機で印刷するのに使われる金属あるいはプラスチックの小片。

家電製品
主として家事をするのに使われる電器製品。洗濯機、アイロン、電気ドリルなど。

気圧
地球上の物体表面に一様に働く空気の力。ミクロ的には、運動する多数の気体分子が物体に衝突することによって生じる。

機械
電気や燃料を動力として、車輪、レバー、ギアなどの可動部品によって仕事を遂行する装置。

機械的
機械の動作により実行される作用や変化。

気候変動
地球全体の気候が次第に変化すること。

キャパシター
回路内で電荷を蓄えるのに使われる部品。

空気圧式
管に高圧空気を流して動かす機械。道路工事用のドリルなどがある。参照→油圧式

空気取り込み口
自動車の開口部で、燃料を燃やすのに必要な空気をエンジンに取り入れるところ。

空気抵抗
車体の周囲を流れる気体が及ぼす力で、車体の運動を妨げるように働く。

空気力学的形状
気体中を滑らかに進めるように、曲線状あるいは連続的に形状を変化させて抵抗を減らした形。

クランク
発電機などの機械に付いているハンドル。

ケブラー
高分子材料と炭素繊維を密に編んだ非常に強い繊維。防弾チョッキやその他の防護用材料として用いられる。

原子
化学元素を構成する物質の最小単位。原子核とその周りを回る電子でできている。

元素
化学反応だけではそれ以上分解できない化学物質。例えば炭素や酸素は元素であり、これらの化合物が二酸化炭素（炭酸ガス）だ。

コ

光学機器
カメラやビデオカメラのレンズのように、光の像を結び、検出する装置。

合金
ある金属に別の金属（あるいは非金属）を少量混ぜて、溶解温度や硬度などの性質を変えたもの。

合成洗剤
石油や油脂から化学的に合成される洗剤。水に溶けて汚れや油を分解し、取り除く。

鉱物
石炭、砂、金など非生物の有用な固体物質で、地殻から採掘される。

効率
機械が有効に使ったエネルギーの割合。例えば、効率60%の機械は、供給されたエネルギーの60%を有益な仕事に使用し、残り40%が無駄になる。

交流（AC）
流れる方向が周期的に反転する電流。

抗力
運動する物体の速度を引き下げる抵抗力。

固定電話
直接、電話網に接続している従来の電話線。携帯電話と違って固定電話は移動することができない。

コンピューター
プログラムという一連の命令に従って情報を蓄積し、処理する電子装置。パソコンのように、個人の仕事や娯楽に使われるものから、携帯電話機に内蔵されるマイクロプロセッサーまで、いろいろな使われ方をしている。

サーボモーター
小刻みに回転する電動モーターで、ロボットアームのようなものを精密に動かすのに使う。ステッピングモーターともいう。

サーモグラフィー
物体が発する熱の強度分布を表した写真。通常の写真は物体が反射する光の像を表すが、サーモグラフィーは物体が放つ赤外線の像を表す。

細菌
単細胞の微生物。病原菌となる有害なもの、体内で消化を助ける有益なものなど、さまざまの種類がある。

再生可能エネルギー
石油、石炭などの化石燃料を燃やさずに得られるエネルギー。太陽電池、風力、地熱、太陽熱などがある。

左舷
船や飛行機の左側面。通常は左舷で接岸するため、ポートサイドともいう。

サスペンション
自動車の下部にある機械部品で、油圧とバネを使い道路の段差の衝撃を和らげる。

紫外線
光と同様の電磁波の一種だが、目には見えず、光より波長は短く、エネルギーは大きい。太陽光線は人体に有害な紫外線を含むので、日焼け止めクリームやサングラスで防護する。

車軸
車両の台車に使われる棒状の部品。車輪を固定し、その周りに回転させる。

充電式電池
電源から電気エネルギーを補充することにより、長く使える電池。通常の使い捨て電池は充電できない。

重力
宇宙のあらゆる物体間に働く、互いに引き合う力（引力）。地上では私たちが地球の中心に向かって強く引っ張られる力として感じられる。

ショックアブソーバー
車両のサスペンションに付けられた油圧部品。油を詰めたピストンを使って運動エネルギーを吸収し、道路の段差の衝撃を和らげる。

シリンダー
自動車のエンジンを構成する、強固な金属の筒で、燃料を燃やしてエネルギーを取り出す部分。この中をピストンが上下して動力を生む。

水素
もっとも単純な原子から成る気体。空気より軽く、燃料になる。

スーパーコンピューター
きわめて高速のコンピューター。気象シミュレーションなど複雑な科学技術計算が主な用途。

スピーカー
磁石と電線コイルによりコーン紙を前後に振動させ、電気信号を音に変える装置。

スプロケット
自転車などでチェーンと組み合わせる歯車。

スポイラー
自動車の前部や後部に装着する翼。車体の周りの気流を変化させて、自動車の操縦性と性能を向上させる。

セ

赤外線
高温物体から放射される電磁波。赤外線は光線に似ているが、波長がそれより長い。

セラミック
金属酸化物や炭化物、水酸化物などの無機材料を焼き固めたもので、高温に耐える。陶磁器やほうろうもセラミックの一種。

センサー
機械的あるいは、電気的、電子的な装置で、周囲の環境変化を検出するように設計されたもの。

増幅器
電気信号の強度を増加させる装置。エレクトリックギターの増幅器は、音の信号を大きくする。ラジオのトランジスター増幅器は、弱い受信信号を強くする。

ソフトウェア
コンピューターに蓄えられたプログラムのこと。コンピューターの動作を制御する。参照→ハードウェア

タービン
風や水流の運動エネルギーを動力として回転運動を起こす、風車に似た機械。

ターボチャージャー
エンジンの排気管に付けられた装置で、排ガスのエネルギーを利用してエンジンの出力を高める。

ダイオード
回路に使われる部品で電流を一方向だけに流す働きをする。整流器ともいう。

台車
列車や航空機の下部にある丈夫な枠組みで、車輪を取り付けて本体を支える。

太陽エネルギー
太陽の光線や熱線が持つエネルギー。ものを熱したり、電気を起こすのに使われる。

力
物理の基本量。物体に作用して、運動の方向を変え、形状を変形させる。

地球温暖化
地球の表面温度が次第に上昇すること。とりわけ大気中の二酸化炭素の蓄積が大きな要因とされる。温暖化は長期的な気候変動を引き起こす。

超音波
人間に聞こえる高さの周波数を超えた音。人間に聞こえるのは2万ヘルツ(サイクル／秒)程度までとされている。

直流(DC)
常に同じ方向に流れる電流。

ディーゼルエンジン
内燃機関の一種。シリンダ内の空気を圧縮して400～500℃となったところに軽油燃料をシリンダ内に噴射して燃焼させ、効率よく動力を発生する。

ディスクブレーキ
車輪の内側にある金属の円盤にブレーキパッドを押し付けて車両を停止させる方式のブレーキ。

ディレイラー
自転車のチェーンを引っ張るギア。変速機では、チェーンが寸法の異なる歯車の間を移動するが、そのときにチェーンが緩まないようにする。

データ
コンピューターおよびその他のデジタル機器が蓄積し、処理し、共有する情報。

デジタル
情報を数字のみで表現する方法。例えば、デジタル時計は時刻を数字のみで示す。参照→アナログ

テフロン
表面が非常に滑らかな材料で、宇宙服の防護材や焦げ付かないフライパンの表面材として使われる。

電圧
電気の強さを表す単位。正確には電位の差を電圧という。単位電荷（1クーロン）が1単位の仕事（1ジュール）をするときの電位差が1ボルトである。水流にたとえると、水圧の差が電圧に相当する。

添加物
別の材料に加えて、その性質を変化させる化学物質。

電気
一般には、電荷の移動によって生じるエネルギーを表す。日常生活では、電荷、電流、電圧、電力などの物理量の総称として呼ぶことも多い。

電子
基本的な素粒子の一種。負の電荷を帯び、原子核と共に原子を構成する。

電子回路
高い精度で電流を制御する回路や素子。

電磁気
電気と磁気の作用によって生じる現象。例えば、電気モーターは電気と磁気を利用してものを動かすので電磁気的である。

電子顕微鏡
顕微鏡の一種。電子ビームを使うことにより、光で見る従来の顕微鏡よりもずっと高倍率の像を見ることができる。ウイルスのような微生物は、電子顕微鏡を使わないと見えない。

電子部品
回路基板上の小さな部品。ダイオード、トランジスター、キャパシターなどがある。

電流
物質中を通過する電気（電荷）の流れ。参照→交流（AC）、直流（DC）

トランジスター
電子回路内で電流の増幅器あるいはスイッチとして機能する小型の部品。

内燃機関
シリンダーと呼ばれる金属容器の内部で燃料を燃やし、熱エネルギーを発生する機械。

ナセル
機械を収容する外部ケース。ジェットエンジンや風力タービンなどの主要部分を格納する。

ナノテクノロジー
原子や分子を1個ずつ操作して有益な新材料を作り出そうとする技術。

ニ

二酸化炭素
炭素を含む物質が空気中の酸素と化合して（燃えて）発生する透明な気体。二酸化炭素が大気中に蓄積すると、地球温暖化や気候変動などの問題を引き起こす。

入力
コンピューターに情報を与える作業。キーボードをたたくのは、コンピューターへ入力する方法の一つだ。

燃焼
空気中の酸素と燃料が結合して燃える化学反応。熱エネルギーを放出すると同時に、副産物として二酸化炭素、水、汚染ガスを発生する。

燃料
一般に炭素を多く含む物質。石油や石炭などがあり、空気中の酸素と燃えて熱エネルギーを放出する。

燃料電池
バッテリーに似た装置で、一般に、水素ガスと酸素との化学反応で電気エネルギーを発生する。バッテリーと違って、燃料が続くかぎり動作し続ける。

ハードウェア
コンピューターシステムを構成する、電気的、電子的、機械的な部品。参照→ソフトウェア

ハードディスク装置
コンピューター内で情報を保存する磁性円盤。使用中は高速で回転し、電源を切っても情報は保持される。

排ガス浄化装置
自動車の排気筒内に取り付けられる装置で、化学反応によって汚染ガスを無害なものに変える。

排気管
エンジンから燃焼ガスを排出する配管。

排出ガス
化学反応時に生成される気体。エンジンから排出される二酸化炭素は、地球温暖化の要因の一つだ。

歯車
機械の内部で運動の力、速度、方向を変えるために使われる、歯を刻んだ車輪。

バッテリー
繰り返し充電可能な電池。内部の化学反応によって電気エネルギーを発生する。

発電機
磁石と金属コイルを使って、運動エネルギーを電気エネルギーに変える機械。風力発電機は、風力タービンの運動を電気に変える。参照→モーター

ハブ
車輪の中心部で、強固に作られている。

光ファイバ通信
柔軟性のあるガラスやプラスチックの光ファイバケーブルに、発光ダイオード（LED）や半導体レーザーの光を通してデジタル情報を伝送する方式。

ピクセル
デジタルカメラの画像やコンピューター、テレビの画面を構成する最小単位。1個のピクセルは、色のついた小さな領域である。標準的なデジタル画像は数百万ピクセルで構成される。

ピストン
エンジンのシリンダーにぴったり納まり、内部で上下する金属部品。熱エネルギーを運動エネルギーに変える。

ビデオカメラ
映像をカメラで撮影して磁気テープ、DVD、半導体メモリーなどに記録する装置。

複合材料
2種類以上の異なる材料を組み合わせ、すぐれた特性を持つ新しい材料としたもの。

プラスチック
主に石油を原料として化学的に作られる材料で、いろいろな型に入れて容易に成型できる。

プロセッサー
コンピューターの頭脳に相当する部分で、情報処理のほとんどを遂行する。プロセッサーは1個の半導体チップとして作られることが多い。

分子
化合物の最小単位。分子は2個以上の原子が結合してできている。

並列処理
コンピューターの方式の一つ。処理の内容を複数のタスクに分けて同時に扱うことによって、速く処理する。

変圧器
供給電源の電圧を上げたり下げたりする電気機器。

偏光
通常の光は進行方向と直角の面であらゆる方向に振動しているが、フィルターを通してある方向のみの振動にすること。このフィルターを偏光フィルターという。

ホ

ポリカーボネート
堅く耐久性に富み、こわれても、ほとんど飛散しない性質のプラスチック。

ポンプ
液体や気体をある場所から他の場所に移す機械装置。一般的には、往復運動するピストン（例えば自転車の空気入れ）か、羽根車という回転機構（例えば食器洗い機）を備える。

マイクロ波
電磁波の一種で光と同じ種類だが、目に見えず、波長は

光より長い。マグネトロンや進行波管によって発生され、電子レンジ、レーダー、通信に使われる。

マイクロプロセッサー
指先ほどの小さなシリコン基板に組み込まれたコンピューター。

マザーボード
コンピューターや電子機器内に使われている主要な電子回路基板。

摩擦
接触している二つの物体の間に作用する抵抗力。

ム

無線
二つの地点を電線ではなく電波で結んで、音声や画像などの情報を送る方法。

メ

メモリー
情報を保存する電子部品。

モ

モーター
磁石と固く巻いた金属線コイルを使って電気エネルギーを運動エネルギーに変える機械。参照→発電機

ユ

油(水)圧式
油または水のような液体を満たした管からなる機械システム。掘削機やクレーンなどで、押したり、持ち上げたりするための強い力を出すのに使う。参照→空気圧式

ヨ

四輪駆動
車両の駆動方式の一種で、4本の車輪すべてをエンジンで動かす。

ラ

ラジエーター
高温の液体や気体を通して、その熱を周囲の空気に逃がす装置。自動車ではエンジンの冷却水をラジエーターに通して外気で冷やしている。

リ

流線型
空気抵抗が少ない、滑らかな車両デザイン。流線型にすることにより、速度が上がり、燃費も改善される。

レ

レーザー
波長と位相(波の山と谷)が揃った光を発生する装置。高いエネルギーを持つ均質な光線が得られる。

レーダー
電磁波のマイクロ波を物体に当ててその反射波を検知し、接近する船、飛行機、その他の物体を探知する装置。

ワ

ワット
エネルギー消費速度の単位。1ワットとは、毎秒1ジュールの割合で仕事をするかエネルギーを費やすこと。

索引

数字、英字

2値コード　221
3次元モデル　10-11
Blue-ray（ブルーレイ）　152, 154
Bluetooth（ブルートゥース）　203
CAD(コンピューター支援設計)　220
CCD(電荷結合素子)　208
CD（コンパクトディスク）　225
COBE(宇宙背景放射探査)　112
CORE（燃料電池とタンク装置）　75-77
DVDプレーヤー　211
ENIACコンピューター　234
ENV（無公害車）　74-77
ICカード　227
IBMコンピューター　227
KEFミュオンスピーカー　138-141
LCD（液晶ディスプレイ）　47, 194, 213, 224
LED（発光ダイオード）　202
LIDAR（光探知測距器）　78
MP3プレーヤー　143
NASA（米航空宇宙局）　59, 67
RSI（反復性ストレイン障害）　235
SETI(在宅宇宙人探査)　157
SR-71ブラックバード　50
SRB（固体ロケットブースター）　60, 63-64
TGV　13
USB　225, 230, 232
Wi-Fi（ワイファイ）　153, 222

ア

アコースティックギター　168, 172-173
アジア　156
アシモ　179
遊び　160-161
圧搾空気　126
空気圧ドリル　126
アップライトピアノ　167
アップルのLisa　235
アバター　234
アリアン5号ロケット　14, 60-65, 67
アルミニウム　29, 138, 140, 181
泡箱　219
暗号　221
アンテナ　135, 196
アンプ　142, 170

イ

イースター島　50
イーストマン、ジョージ　219
医学　158, 179
イタリア　30
一眼レフカメラ　215
インクジェットプリンター　236-239
印刷機　240-241
インスタントコーヒー　118
インターネット　156, 193, 197, 211, 226, 234
インターネットアーカイブ　221
インターネットカフェ　156
インターネット時間　151
インテリジェントエナジー社ENV（無公害車）オートバイ　74-77
インド　21, 72, 105, 121, 210
インプラント　198

ウ

ウィンチ　40
ウェットスーツ　59
ウェブカメラ　211
ウォークマン　143
宇宙エレベーター　93
宇宙技術　58-59
宇宙船　52-53
宇宙発電所　92-93
宇宙服　54-57, 58-59
宇宙ヘルメット　56, 57
宇宙遊泳　55, 57
宇宙旅行　52, 53
埋立地　99, 105
運転　197
運動エネルギー　88

エ

エアバスA380　14, 46-49
エアバス・ベルーガ　51
映画　142, 178, 206, 207, 210-211
映画カメラ　206-209, 210
衛星　60-62, 66-67
英仏海峡トンネル　126
液晶　194, 213, 224
エコツーリズム　38
エジソン、トーマス　121, 142
エジプト人　204
エスプレッソマシン　114-117
エックス線　112-113
エネルギー効率　70, 98
エネルギー波　112-113
エレクトリックギター　168-173
エンゲルバート、ダグラス　234
エンジン
　ガソリン～　78-79
　ジェット～　47, 61, 79
　ターボシャフト～　43
　ディーゼル～　34-35, 78
　内燃～　19
　ロータリー～　81
　ロケット～　60-62
エンドルフィン　161

オ

オートジャイロ　45
オートバイ　74-77
オートマトン　178
オーブン用手袋　59
オールズ、ジェームズ　160
オズボーン1　227
汚染　20, 38, 72-73
　水質～　104, 105
　大気～　20, 74, 78-79
おもちゃロボット　178
折りたたみ自転車　73
音響　142-143

カ

カールソン、チェスター　241
回転（洗濯機の）　100
回転翼　41-42
改良型旅客列車（APT）　30
回路基板　194
カエデの種子　44
科学の研究　211, 219
化学物質　104
火山　211
家事　120-121
ガスケット　103
カスパロフ、ガリー　227
風　90
仮想現実　157, 235
ガソリンエンジン　78-79
楽器　162-173
活字　240
家電製品　84, 94-121
　賢い～　95, 100
カフェイン　119
紙　201, 204, 237, 240
カメラ　202, 212-219
　インスタント～　219
　ウェブ～　211
　監視～　211
　携帯電話～　219
　スマートメガネ　229
　デジタル～　212-217
カメラ・オブスキュラ　218
貨物機　49, 51
ガン　113, 205
環境　38-39, 76, 98, 196
　大気汚染　20, 74, 78-79
環境にやさしい合成洗剤　104
監視カメラ　211

ガンマ線　112

キ

ギア　19, 70
　風力タービン　88
気管支炎　78, 79
気象予報士　113
艤装　11
ギター　168-173
キツツキ　126
キャタピラー　33
キヤノンのインクジェットプリンター　236-239
キヤノンのデジタルカメラ　212-217
キャパシター　93, 135
休暇　161
救急ヘリコプター　45
競技用自転車　73
ギリシャ人　178
キングダカ　187

ク

空気圧ドリル　126
空気タイヤ　73
空気抵抗　73
空港　51
空中散布　44
グーテンベルク、ヨハネス　240
クオーツ時計　150-151
楔形文字　204
靴　59
掘削機　33, 36-37
　パワーショベル　14, 32-35
組み立てライン　21
グラモフォン　142
クランク　19, 135
グランドピアノ　130, 162-165
クリストフォリ、バルトロメオ　167
クレーン　185
クレジットカード　158, 227
クロノメーター　151

ケ

傾斜する列車　24-29, 30-31
形状記憶発泡体　59
携帯電話　137, 192-197, 220
　ゲーム　156
　カメラ　219
ケージ、ジョン　167
ゲーム機　130, 152-157
ケブラー　70
弦（ギターの）　169-170
原子　191, 219, 242-243
原子時計　150
原子噴出器　242-243
原子力　86-87
建設機械　32-37

コ

ゴアテックス　58
コインランドリー　105
光学式マウス　231, 233
工場　78
合成洗剤　97, 103, 104
酵素　103
高速鉄道　24-31
交通問題　38
鉱物　36-37
航法　151
抗力　49
コードレスドリル　122-125
コーナーリング　25, 28
コーヒー　118-119
コーヒーメーカー　114-117
コクラン、ジョセフィン　98
古代ローマの新聞　241
ゴッダード、ロバート・ハッチング　67
固定電話　137
ゴビ砂漠　91
コモドール社PETコンピューター　223
コルニュ、ポール　44
コングレーブ・ロケット　66
コンタクトレンズ　229
コンテナ船　38
コンピューター　200, 223, 227, 234-235
　携帯～　193
　スーパー～　157
　ダイビング～　226
　データ保存　204-205
　ノートパソコン　137, 222-225
　光～　220
　ロボット用～　175-176
コンピューターグラフィックス　10-11, 152
コンピューターゲーム　130, 156-157
コンピューターマウス　230-235

サ

サーボモーター　175
サーモグラフィー　110, 119
災害救助　45
細菌　98
採掘　36-37
彩飾写本　240
再生可能エネルギー　90
蔡倫（さいりん）　240
サスペンション　16, 18, 69
サハラ砂漠　82
サラウンド音響　142
産業革命　78
産業ロボット　178
サングラス　58
酸性雨　79
残像　210

シ

シーホークヘリコプター　40-43
ジェットエンジン　47, 61, 79
　ロータリー～　81
シェルバ、ホアン・デラ　45
紫外線　113, 137
時間　150-151
時間帯　151
磁気浮上列車　31
仕事　161
シコルスキー、イゴール　45
自転車用ヘルメット　58
自動車　20-21, 30, 39, 74
　スマートカー　22-23
　ラリーカー　14, 16-19
自動車レース　59
児童労働　36
ジャーナリズム　219
ジャール、ジャン・ミッシェル　166
写真　218-219
車輪　16, 18, 23, 71
　台車　26, 28-29
　ハブモーター　22
渋滞　38, 72
集団登校　38
重力　53
重力加速度　128, 187
種子　44
手動自転車　72
蒸気機関　78
蒸気機関車　30
消防ヘリコプター　45
ショックアブソーバー　70
食器洗い機　94-99
食器洗い機用洗剤　99
シリンダー　19, 34
新幹線　31
シンセサイザー　166
　ギター～　173
新聞　241
人力車　73

ス

水質汚染　104-105
水上飛行機　51

水素ガス　21, 53, 74-76
スーパーコンピューター　157
スーパーフォーム成型　138
ズーム　208, 217
スキューバダイビング　226
スタムファー、シモン　210
ステアリング（自動車の）　22
ステンレス　95
ストーンヘンジ　150
砂時計　150
スパニッシュギター　173
スピーカー　135, 138-142
スピネット　166
スプートニク1号　66
スプロケット　70-71, 77
スペースインベーダー　157
スペンサー、パーシー　108
スポイラー　17-18
スポーク　71
スマートメガネ　228-229
スモッグ　78
スロットマシン　156

セ

生態系破壊　37
静電気　107
生命維持装置　56-57
セカンドライフ　234
赤外線　100, 113, 202
石炭　37, 78, 87
石油　20, 21, 38, 87
石油リグ　127
セシウム　150
石器時代　36, 172
石器時代の道具　36
セマンティック・ウェブ　205
セル・プロセッサー　152, 155
ゼログラフィー　241
船外活動　55
洗剤　97, 99, 103-104
洗濯板　104
洗濯機　100-105, 121
　　超音波～　106-107
洗濯機用洗剤　103
ぜんまい仕掛け　133
ぜんまい時計　148, 151

ソ

総2階建て飛行機　46-49
捜索救助ヘリコプター　40
創造性　161
ゾーエトロープ　210
ゾービング　187
ソーラーコレクター　92
ソーラーテレビ　136
ソーラーパネル　73, 82, 136-137
ソーラーポンプ　137
ソニーのウォークマン　143
ソニーのプレイステーション3　152-155
空飛ぶじゅうたん　50
空の旅　50-51, 151
そろばん　226

タ

タービン　87, 89
ターボシャフトエンジン　14, 43
ターボチャージャー　16
ダイヤモンド状炭素　58
大英図書館　205
ダイオード　135
耐火服　59
大気汚染　74, 78-79
大気圏　113
台車　27, 29
大西洋　31, 50-51
ダイナモ　134
ダイビングコンピューター　226
太平洋　90
タイヤ　16, 18, 69-70
　　空気～　73
太陽　90, 93
太陽エネルギー　92-93, 136-137
太陽系儀　133
太陽光　137
太陽コンロ　137
太陽電池　137, 199
太陽電池レースカー　21
脱進機構　148
タッチスクリーン　193-195, 224
竜巻　113
タブレット画面　224
弾丸列車　31
タングステンカーバイド　122
炭素複合材　69, 73
断熱層　58-59
ダンロップ、ジョン・ボイド　73

チ

チェスコンピューター　227
地球温暖化　20, 31, 38-39, 79, 87
チタン　16
チヌーク・ヘリコプター　45
中国　21, 66, 72, 156, 240
中東　21
超音波　107
超音波洗濯機　106-107
聴覚　142

ツ

ツィオルコフスキー、コンスタンティン　67
通信衛星　67
使い捨て食器　99

テ

ディーゼルエンジン　34-35, 78
ディープ・ブルー　227
ディスクブレーキ　68, 71
ディレイラー　70
テクスチャリング　11
デジタル技術　220-221
デジタル情報　221
デジタル図書館　205, 221
デジタルペン　200-203
鉄道　30-31, 151
テフロン　58
手回し発電パソコン　137
手回し発電ラジオ　132-135
テレビ　121, 136
　　～ニュースカメラ　210
　　立体～　158-159
電気　105, 121, 136
　　静～　107
　　発電　82, 86-93, 132
電気製品　84, 94-125
電子　191
電子音楽　166
電子回路　132, 134-135, 191
電磁気
　　スピーカー　140
　　電動モーター　125
　　発電機　134
　　ピックアップ　170
電子顕微鏡　188
電子点字器　205
電磁波のスペクトル　112-113
電子ピアノ　167
電子レンジ　108-111
電動自転車　73
転倒保護用骨組み　16, 18
電動モーター　79, 125
　　コードレスドリル　122, 124
　　サーボ　175
　　車輪のハブ　22
　　二輪車　73, 77
　　燃料電池　75-76
　　水ポンプ　137
電波　113, 135-136
デンマーク　90
電話　196-197

インプラント～　198
衛星～　67
フレキシフォン　198-199
電話用通信塔　112, 196

ト

動物　142, 160
ドーパミン　160
時計　144-151
都市　78, 85
図書館　204-205
オンラインウェブページ　221
ドッキングステーション　200
ドップラーレーダー　113
ドライジーネ　72
ドライバー（スピーカーの）　140-141
ドライブシャフト　18, 88
ドラム（洗濯機の）　103
トランジスタ　135, 220, 227
トランスフォーマー　178
鳥　80, 91, 126
ドリル　122-127
コードレス～　122-125
トルク　124
トンネル掘削機　126-127

ナ

ナスカの模様（ペルー）　44
ナセル　48, 88-89
ナノロボット　179
ナミビア　137

ニ

ニクソン、リチャード　120
二酸化炭素　20, 31, 38
ニジェール　136
日本　31, 156, 197
ニュース放送　210
二輪車　68-73
オートバイ　74-77
ホバーバイク　80-81
マウンテンバイク　68-71
人間工学的マウス　235
ニンテンドーDS　156

ネオプレン　59
熱可塑性プラスチック　99
熱気球　50
ネメシスインフェルノ　128
燃料電池　75-76
～オートバイ　74-77
～車　78

ノ

ノートパソコン　191, 222-225, 227
ノイズキャンセリング・ヘッドフォン　143
脳　155, 161, 197, 227
ノメックス　59
乗り物（遊園地の）　128, 186-187

ハ

ハードディスク装置　225
バーナーズ・リー、ティム　205
ハープシコード　166
バイオ合成洗剤　103
排ガス　20, 78
排ガス浄化装置　74
排気管　18, 35
バガー　288, 37
バケット掘削機　37
ハチドリ　80
バッテリー　134, 136, 156
充電式～　123, 136-137, 202
ボルタ電堆　226
発電機（機械式）　132, 134
発電所　86, 121, 136
宇宙～　92-93
発展途上国　121, 136-137, 227
バッハ、ヨハン・セバスチャン　167
発泡スチロールコップ　99
花火　66, 183
パピルス　204
ハブ　23
バベッジ、チャールズ　226
パリ（フランス）　72
ハリソン、ジョン　151
バルカン2エンジン　64
犯罪　211, 219
パンタグラフ　29

ヒ

ピアノ　130, 162-167
ピアノーラ（自動ピアノ）　166
光　112
光情報処理　220
ピクセル　194, 212
飛行機　30-31, 39, 46-51
宇宙船　52-53
エアバスA380　14, 46-49
ピストン　19
油圧～　28-29, 34
ピックアップ（ギター）　170
ビッグバン　112
ビデオカメラ　180, 206-209
ビデオレコーダー　211
日時計　150
ヒトゲノム計画　205

フ

ファインダー　208, 215
フィリングデール（英ヨークシャー州）　112
風車　91
フードマイル　51
風力エネルギー　90-91
風力タービン　86-91
風力発電所　86, 90
フェアリング（覆い）　61, 62
フェリス観覧車　186
フォード、ヘンリー　21
フォルクスワーゲンのビートル　21
フォックス・タルボット、ウィリアム・ヘンリー　218
フォノグラフ　142
フォルテピアノ　167
ブガッティ・ヴェイロン号　21
複写機　241
プジョーのムービー　23
ブライトリング社の時計　144-149, 151
ブラウン、ウェルナー・フォン　67
プラスチック　23
ブラックベリー　227
フリープレイ社のラジオ　132-135
振り子時計　151
ブルーレイ　152
フルシチョフ、ニキータ　120
フレーム（マウンテンバイクの）　71
フレキシフォン　198-199

ヘ

米海軍のオスプレイ垂直離着陸機　45
米国　30, 90, 105
並列処理　155
ヘッドフォン　143
ベドウィン族　119
ヘリコプター　14, 40-45, 80
シーホーク　40-43
ヘルメット　56-58, 73
変速機　124
ベンツ、カール　20
ペンドリーノ　24-29, 30

ホ

ホイヘンス、クリスチャン　151
防風林　91
ボーイング747ジャンボジェット機　51

ホーキング、スティーブン　53
ホバーバイク　80-81
ポール、レス　169, 172
補聴器　143
ホビーホース自転車　72
ポラロイドカメラ　219
ボリビア　136
ボルタ、アレッサンドロ　226
ボルタ電堆　226
ホログラフィーテレビ　158-159
ホログラム　158
本　204, 221, 240
ポン　156

マ

マイクロ波　111, 112-113
マイクロ波レーザー（メーザー）　93
マイクロプロセッサー　154, 226-227
マウス（コンピューターの）　230-235
マウンテンバイク　68-71
マグネトロン　110

ミ

ミースター、ジェニファー　161
ミキシング　143
ミサイル探知　112
水　98, 100, 113
ミスト　157
水ポンプ（太陽電池駆動の）　137
耳　142
ミラー、ジョン・A　186
ミルナー、ピーター　160

ム

無重力状態　53
無線USBスティック　230

メ

メーザー　93
メガネ　228-229
メキシコ市　78
メソポタミア　204
メトロポリス　178
目の不自由な人　205

モ

文字認識　205
モノコック　26
モンゴルフィエ兄弟　50

ユ

湯あか　99
油圧式　32, 34
遊園地の乗り物　128, 186-187
郵便仕分け機　205

ヨ

揚力（飛行機の）　42, 49

ラ

ライト兄弟　51
ラジオ（手回し発電）　132-135
ラブグローブ、ロス　139
ラリーカー　14, 16-19
ラン・ラン（郎朗）　163
ランド、エドウィン　219
ランドサット　67

リ

リギング　11
リサイクル　105, 196
リチャード、キース　173
立体プリンター　242-243
流線型　73
リュート　172
リュミエール兄弟　210
量子暗号機　221
旅行　38-39, 50
リン酸塩　104
リンドバーグ、チャールズ　51

レ

レーザー　158, 205
　～ドリル　127
レーダー　50, 108, 113
レール　30
レオナルド・ダ・ヴィンチ　44
レコードプレーヤー　143
レゴロボット　174-177
列車　30-31
　TGV～　13
　ペンドリーノ～　24-29
レンズ　208, 216-217

ロ

ローマ戦車　20
ローラーコースター　31, 186-187
録音　142, 143
録音スタジオ　143
ロケット　60-65
　アリアン5号　14, 60-65
ロシア　186
ロック音楽　173
露天掘り　37
ロボット　174-179
　～アーム　174, 178
　スポーツのコーチ　180-181
　手　181
ロボット外科手術　179
ロンドンアイ　182-185

ワ

ワールドワイドウェブ　205
ワトソン、トーマス　226

ACKNOWLEDGMENTS
謝辞・クレジット

The publisher would like to thank the following: Chris Bernstein for indexing; Kieran Macdonald for proofreading; Johnny Pau and Rebecca Wright for additional design; Claire Bowers and Rose Horridge in the DK Picture Library; Rachael Hender, Jason Harding, Rob Quantrell, and Stanislav Shcherbakov at Nikid Design Ltd;
Chris Heal, FBHI; Nicola Woodcock.

The publisher would also like to thank the following manufacturers for their kind cooperation and help in producing the computer-generated artworks of their products:
Pendolino Train – Alstom Transport
Ariane 5 – ESA/CNES/ARIANESPACE
ENV Fuel Cell Bike – Seymourpowell/Intelligent Energy
Vestas Wind Turbine – Vestas
Freeplay Radio – Freeplay Energy PLC
KEF Muon speakers – KEF and Uni-Q are registered trademarks. Uni-Q is protected under GB patent 2 236929, U.S. patent No. 5,548,657 and other worldwide patents. ACE technology is protected under GB patent 2146871. U.S. patent No.4657108 and other worldwide patents.
Breitling Watch – Breitling
Steinway Piano – courtesy of Steinway & Sons
Gibson Electric Guitar – Gibson Guitar, part of the Gibson Guitar Corporation which is Trademarked - www.gibson.com
Lego Robot – MINDSTORMS is a trademark of the LEGO Group
London Eye – conceived and designed by Marks Barfield Architects. Operated by the London Eye Company Limited, a Merlin Entertainments Group Company.
Canon Camera and Canon Inkjet Printer – Canon UK Ltd. For more information please visit www.canon.co.uk

The publisher would like to thank the following for their kind permission to reproduce their photographs:

(Key: a-above; b-below/bottom; c-centre; f-far; l-left; r-right; t-top)

The Advertising Archives: 142br, 156bc, 210br; **Alamy Images:** Alvey & Towers Picture Library 25br; BCA&D Photo Illustration 99cr; Blackout Concepts 44cl; Bobo 99tl; Martin Bond 168tl; Richard Broadwell 90ftl; David Burton 105bl; Buzz Pictures 68b; ClassicStock 31tl; David Hoffman Photo Library 210t; Danita Delimont 118bl; Ianni Dimitrov 196-197c; Chad Ehlers 31tr; Andrew Fox 112tl; geldi 237r; Sean Gladwell 156br; Peter Huggins 79bl; ImageState 241tl; Jupiter Images/ BananaStock 95r; Vincent Lowe 33br; Mary Evans Picture Library 240tr; Eric Nathan 156bl; David Osborn 51br; Photofusion Picture Library 157tl; John Robertson 196b; Howard Sayer 128-129; Alex Segre 156cl; Shout 38bl; Skyscan Photolibrary 112-113c; Charles Stirling 119cr; Stockbyte 99tr; John Sturrock 221cl; The Print Collector 157cr; The Stock Asylum, LLC 173bl; David Wall 31cr, 186c; Zak Waters 136tl; **Anoto:** 200t; **Auger-Loizeau:** 198t; **Anthony Bernier:** 23; **British Library:** 204t, 205t; **Camera Press:** Keystone 186t; **© CERN Geneva:** 219cb; **Corbis:** 30t, 187tl; Piyal Adhikary 21crb; Bettmann 45bl, 120cl, 219ca; Stefano Bianchetti 186bl; Iñigo Bujedo Aguirre 151cl; Construction Photography 127cr; Jerry Cooke 234tl; Andreu Dalmau 44-45c; Arko Datta 120-121c; DK Limited 241tr; Najlah Feanny 227br;
Owen Franken 105cr; Stephen Frink 226cl; Chinch Gryniewicz 104b; Tim Hawkins 45t; Amet Jean Pierre 73br; Bembaron Jeremy
166-167c; Lake County Museum 187bl; Jonny Le Fortune 197t; Lester Lefkowitz 37bc; Jo Lillini 16b; Araldo de Luca 150br; Stephanie Maze 36bl; Tom & Dee Ann McCarthy 38br; Moodboard 226cr; NASA 8; Hashimoto Noboru 31b; Alain Nogues 67cr; David Pollack 161br; David Reed 21bl; Reuters 179tc; Bob Rowan 226br; Zack Seckler 105t; The Art Archive 226tl; Sunny S. Unal 197b; John Van Hasselt 166br; Martin B. Withers 137tr; Jim Zuckerman 38tr; **DK Images:** Rowan Greenwood 50cl; NASA 246b; National Motor Museum, Beaulieu 20bc; Robert Opie Collection, The Museum of Advertising and Packaging, Gloucester, England 218br; **Eyevine Ltd:** 241br; Floris Leeuwenberg 235; New York Times/Redux/ 163t, 210-211c; Redux 161tr; **2004 Funtime Group:** 187cl; **Getty Images:** 3D Systems Corp 242bl; 21tl, 36br, 73t, 120tl, 127t, 211br; AFP 21tr, 51cl, 59bl, 173t, 187br, 235br; Altrendo images 59br, 105br; Alejandro Balaguer 44t; Peter Cade 100l; Cousteau Society 59t; Adrian Dennis 182tr; Michael Dunning 12-13; Tim Flach 108bl; Bruce Forster 143tl; Marco Garcia 72cr; Garry Gay 160; Catrina Genovese 205br; Gavin Hellier 30-31c; Hulton Archive 67fbr, 98bl, 151cr; Koichi Kamoshida 181r; Brian Kenney 126tl; Dennis McColeman 66fbl; Roberto Mettifogo 161bl; Hans Neleman 112br; Patagonik Works 207tr; Andrew Paterson 231t; Mark Ralston
156-157c; Chris M. Rogers 187cr; Mario Tama 227cb; The Bridgeman Art Library 151t, 204bl; Time & Life Pictures 50br, 51bl, 72br; David Tipling 80bl; Roger Viollet 104l; **Reaksmy Gloriana:** 227ca; **Impact Photos:** Yann Arthus-Bertrand 90bl; **KEF Audio:** 142t; **The Kobal Collection:** 178-179bc; **Lebrecht Music and Arts Photo Library:** 166bc, 167cr, 167tl, 167tr; **Jennifer Maestre:** 161tl; **Mary Evans Picture Library:** 20bl, 36c, 50bc, 66bc, 66bl, 166tl, 218bl; **Maxppp:** 72t; **Milepost:** 30l; **Myst:** 157bc; **NASA:** 53br, 55r, 67br, 93t; Dryden Flight Research Center Photo Collection 50t; **NHPA/Photoshot:** Stephen Dalton 218-219c; **PA Photos:** 45cl, 120bl, 172t, 234b, 235t; **Panos Pictures:** Mark Henley 104-105c; Abbie Trayler-Smith 137tl; **Reuters:** Kimberley White 221tl; **Rex Features:** 20tr, 20-21c, 37t, 45cr, 47br, 72l, 73bl, 73cl, 119br, 121b, 137br, 143br, 143cr, 205bl, 218bc, 219br; Everett Collection 178cr; Eye Ubiquitous 211bl; Richard Jones 211cl; Alisdair Macdonald 39; David Pearson 156t; Chris Ratcliffe 193b; Sunset 86b; Sutton-Hibbert 197cb; Ray Tang 185tl; Times Newspapers 185tr; E. M. Welch 227tr; **Science & Society Picture Library:** 72bl, 78bc, 150bc, 151bl, 196t, 210bc, 210bl, 219bl, 226bc, 227bl, 235tr; **Science Photo Library:** 37br, 44bc, 58b; Steve Allen 38tl; Andrew Lambert Photography 79br, 140br; Julian Baum 112bl; Jeremy Bishop 211tr; Martin Bond 91cr; Andrew Brookes 150-151c; Tony Buxton 67t; Conor Caffrey 78c; Martyn F. Chillmaid 99br; Thomas Deerinck 78t; Martin Dohrn 113cl; Carlos Dominguez 98tr; Michael Donne 240tl; David Ducros 60b; P. Dumas 197ca; Ray Ellis 127b; Pascal Goetgheluck 78-79c; Roger Harris 179tr; James Holmes 205cr; J. Joannopoulos / Mit 220-221; Cavallini James 79t; Jacques Jangoux 37bl; Ted Kinsman 98cr, 113bl; C.s. Langlois 143tr; Living Art Enterprises, Llc 107t; Jerry Mason 221tr; Andrew Mcclenaghan 79cr; Tony Mcconnell 110t; Peter Menzel 179tl; Cordelia Molloy 211cr; NASA 57r, 90fcla, 112c, 113t, 119bl; Susumu Nishinaga 118br; David Nunuk 113br; Sam Ogden 224tl; P.baeza, Publiophoto Diffusion 118-119c; David Parker 178b, 204-205c; Alfred Pasieka 155br, 161c; Detlev Van Ravenswaay 66c; Jim Reed 113cr; David Scharf 98-99c; Heini Schneebeli 137cr; Simon Fraser / Welwyn Electronics 220t; Pasquale Sorrentino 76t; Volker Steger 126-127, 221br, 226-227c; George Steinmetz 58-59c, 91br; Bjorn Svensson 78bl; Andrew Syred 103tr, 188-189; Sheila Terry 44bl; Jim Varney 219t; **Second Life** is a trademark of Linden Research, Inc. Certain materials have been reproduced with the permission of Linden Research, Inc. Copyright © 2001–2007 Linden Research, Inc. All rights reserved**:** 234-235c; **Sony Computer Entertainment:** 152tl; **Still Pictures:** 44cr; Mark Edwards 136tr, 136-137c; Danna Patricia 91tl; **StockFood.com:** 114l; **SuperStock:** Corbis 82-83; Swatch AG: 151b; **University of Calgary / Dr Christoph Sensen:** 158t; University of Washington: 229tr; **US Department of Defense:** 40l, 45br; USGS: EROS 67c, 67ca; **Yamaha:** © 2007 Yamaha Corporation 167br

All other images © Dorling Kindersley
For further information see: www.dkimages.com

ナショナル ジオグラフィック協会は1888年の設立以来、研究、探検、環境保護など1万2000件を超えるプロジェクトに資金を提供してきました。ナショナルジオグラフィックパートナーズは、収益の一部をナショナルジオグラフィック協会に還元し、動物や生息地の保護などの活動を支援しています。

日本では日経ナショナル ジオグラフィック社を設立し、1995年に創刊した月刊誌『ナショナル ジオグラフィック日本版』のほか、書籍、ムック、ウェブサイト、SNSなど様々なメディアを通じて、「地球の今」を皆様にお届けしています。

nationalgeographic.jp

ビジュアル 分解大図鑑
コンパクト版

2019年12月16日　第1版1刷

著　者　クリス・ウッドフォード
訳　者　武田 正紀
編　集　尾崎 憲和　桑原 啓治　葛西 陽子
制　作　日経BPコンサルティング

発行者　中村 尚哉
発　行　日経ナショナル ジオグラフィック社
〒105-8308　東京都港区虎ノ門4-3-12
発　売　日経BPマーケティング

ISBN978-4-86313-462-1
Printed in China

乱丁・落丁本のお取替えは、こちらまでご連絡ください。
https://nkbp.jp/ngbook

©2009, 2019 日経ナショナル ジオグラフィック社
本書の無断複写・複製（コピー等）は著作権法上の例外を除き、禁じられています。購入者以外の第三者による電子データ化及び電子書籍化は、私的使用を含め一切認められておりません。

NATIONAL GEOGRAPHIC and Yellow Border Design are trademarks of the National Geographic Society, under license.